本书为 2018 年度国家社会科学基金艺术学项目
"全球化视野下的江南地域文化景观设计策略研究"（18BG115）的
阶段性研究成果

江苏城市化进程中的景观设计

曾　伟·著

东南大学出版社
·南京·

图书在版编目（CIP）数据

江苏城市化进程中的景观设计 / 曾伟著 . -- 南京：
东南大学出版社 , 2019.11
ISBN 978-7-5641-8641-8

Ⅰ . ①江… Ⅱ . ①曾… Ⅲ . ①城市景观—景观设计—
研究—江苏 Ⅳ . ① TU984.1

中国版本图书馆 CIP 数据核字 (2019) 第 263031 号

江苏城市化进程中的景观设计

著　　者：曾　伟
责任编辑：杨　光
策划编辑：张仙荣
出 版 人：江建中
出版发行：东南大学出版社
社　　址：南京市四牌楼 2 号（邮编：210096）
网　　址：http://www.seupress.com
经　　销：全国各地新华书店
印　　刷：江苏凤凰数码印务有限公司
开　　本：700 mm × 1000 mm　1/16
印　　张：14.75
字　　数：241 千字
版　　次：2019 年 11 月第 1 版
印　　次：2019 年 11 月第 1 次印刷
书　　号：ISBN 978-7-5641-8641-8
定　　价：56.00 元

本社图书若有印装质量问题，请直接与营销部联系。电话（传真）：025-83791830。

前　言

　　20世纪，科学技术革命带动世界经济以空前的规模和速度迅猛发展，使城市的财富、人口和面积急速扩张，城市化浪潮席卷了整个世界。城市化的发展一方面为人们的生活提供了坚实的物质基础；但另一方面，它也带来了诸如环境污染、资源损耗、人口膨胀、交通拥堵等问题和危机。中国是一个后发型的现代化的国家，同时又是一个具有悠久文化传统的国家，现代化和工业化的脚步在一定程度上落后于西方发达国家，当西方国家已经在总结城市化进程的历史经验教训之时，当代中国却正在经受城市化进程的深刻影响和考验。

　　从城市景观到私家园林，景观设计无处不在，它的重要性已广为人知。在政治、经济和文化日益全球化的当下，景观设计的地方性和国际性是有分有合的互动过程。景观设计是社会和文化变迁的"风向标"，它的动向表征了社会的演变和文化的流向；景观设计同时也是一种独特的镜像，它折射出了特定的社会形态和文化观念，是其价值观的显现。

　　在城市化进程中，江苏省各个城市也在悄然地发生变化。这些城市原本城市文化、城市空间特色各有不同，慢慢地，逐渐变得相似而失去了原有的城市地域空间特色。这些问题不仅在城市化进程中凸显，而且越演越烈。从景观设计的观点来看，这些问题直观地表现在城市空间环境的物质形式外观——城市景观的变化中：城市景观中自然的缺席，城市景观对历史文脉的割裂，城市景观面临文化特色危机。

有鉴于此，本书的研究对象就锁定为江苏城市化进程中的景观设计问题。

就目前的情况来看，一方面，由于城市化进程中景观设计的论题属于应用学科，长期以来为归属于艺术学学科的传统思辨美学所忽视，并且由于理论本身是对实践的总结，往往相对滞后，只有当中国城市化问题积累到一定程度才会产生研究城市景观美学的迫切需求，所以导致了该论题在艺术学理论研究中的边缘化；另一方面，当今中国快速城市化所展露的问题与危机，促使人们开始思考城市发展模式的转型，由追求物质发展的经济型城市转为以文化艺术为核心的审美型城市，这也日渐凸显了江苏城市化进程中的景观设计研究的重要价值。所以，对江苏城市化进程中的景观设计问题的研究，可以弥补艺术学理论研究中的薄弱环节，具有理论创新的意义；同时，将景观设计置于当前中国城市化进程的背景中予以审视，对江苏城市景观建设和发展具有强烈的现实针对性，既能为江苏的城市景观建设提供艺术学上的理性积累，又能为面临现实困境与危机的江苏各城市提供有益的启示。

目　录

绪　论 ……………………………………………………………………… 1

　0.1 研究背景 ……………………………………………………………… 2

　0.2 研究的内容和意义 …………………………………………………… 4

　0.3 既有相关成果与不足 ………………………………………………… 7

　0.4 研究方法与章节体例 ………………………………………………… 11

第 1 章　江苏城市化进程中景观设计的发展历程 …………………… 17

　1.1 江苏省环境概况 ……………………………………………………… 18

　1.2 江苏省的城市建设概况 ……………………………………………… 24

　1.3 江苏省的景观发展概况 ……………………………………………… 34

第 2 章　江苏城市化进程中绿地系统的格局演变 …………………… 45

　2.1 江苏城市景观建设的理论基础 ……………………………………… 46

　2.2 江苏城市化进程中景观设计的发展成果 …………………………… 49

　2.3 城市绿地系统概况 …………………………………………………… 50

2.4 现代江苏城市绿地系统 ············· 53

2.5 各主要城市绿地系统布局 ············· 59

第3章 当代江苏城市化进程中的景观设计 ············· 67

3.1 心理行为与景观设计 ············· 68

3.2 自然风貌与景观设计 ············· 79

3.3 历史文脉与景观设计 ············· 87

3.4 文化环境与景观设计 ············· 101

第4章 江苏城市化进程中景观设计的艺术学考量 ············· 119

4.1 江苏城市化进程中景观设计的主要问题 ············· 120

4.2 江苏城市化进程中景观设计的选择与使命 ············· 137

第5章 以苏州相城阳澄湖生态旅游度假区景观策略研究为例 ······ 147

5.1 度假区现状和基础资料分析 ············· 148

5.2 度假区生态旅游竞争力研究 ············· 168

5.3 度假区生态旅游容量研究 ············· 188

5.4 度假区旅游发展目标和市场定位 ············· 196

5.5 度假区生态旅游发展策略 ············· 197

结 论 ············· 211

参考文献 ············· 218

后 记 ············· 227

0

绪 论

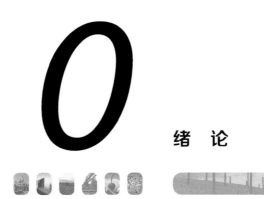

0.1 研究背景

20 世纪中后期以来，随着城市化的巨大发展与全球工业化进程的加深，世界各国都开始出现不同程度的景观危机：城市内的土地不断被造型凌乱、缺乏特色的建筑所覆盖，景观也趋向同质化，地方特色和民族特色在不同程度上衰微甚至消失殆尽。当代，在中国的城市发展中，全球城市化进程所产生的主要问题和危机不仅普遍存在，而且还可能会更加复杂和艰巨。艾伦·伯格（Alan Berger）曾预言未来的中国城市发展状况："那是 2050 年，中国的现代工业时代已经结束，废弃工厂遍布于城市环境之中。境外的投资减少了，因为各大企业都如饥似渴地在其他国家寻找新的廉价劳动力，那些环境资源，例如水和土壤之类，已经被破坏得面目全非。严重的空气污染已经致使景观失去光彩。垃圾填埋场不敷使用，运输基础设施过量建设。几乎每个人都拥有至少 1 辆汽车，加油站遍布城市、小镇和乡村。石化车间占据了城市滨水地区，这些地区由于危险的污染物和废弃建筑而禁止公众进入。我的这些关于中国城市的展望并不是子虚乌有，而是来自中国当前工业的变化速度，以及环境的灾难。"[①]

目前，随着中国城市建设的加速发展，城市景观越来越受到重视，众多知名的境外景观设计公司或个人也积极投入到建设的潮流之中，中国俨然成为国际景观发展最前沿的实验场。量的积累总会产生质的变化，中国景观艺术的实践与理论都取得了长足的进步，但是在繁荣的背后仍然存在许多的混乱和令人困惑之处。在丰富多样的表面之下，中国当代景观建设中模仿和抄袭的作品比比皆是，还没有足以屹立于世界景观大家族之林的杰出作品出现。

不过，当今中国快速城市化所展露的问题与危机，也促使人们开始思考城市发展模式的转型，由追求物质发展的经济型城市转为以文化艺术为核心的审美型城市，由建设"国际大都市"转为建设"宜居城市"，这些转变也日渐彰显出研究江苏城市化进程中的景观设计的重要价值。

江苏城市化进程中的景观设计主要问题表现在三个方面：第一，城市景观中自然的缺席；第二，城市景观缺少人文关怀；第三，城市景观面临文化艺术特色危机。如何依靠系统的艺术学理论来解决江苏城市化进程中景观设计的美学问题，如何以艺术学理论和思想来积极有效地参与未来的城市景观建设，建立一个实用与审美统一，人与自然、历史和谐共生的城市审美形象，就成为了本研究的核心价值和理想目标。

本选题对当今江苏城市景观建设和发展具有强烈的现实针对性：第一，就物质环境层面而言，有利于人们从城市的自然风貌、历史文脉、文化环境等各个方面认识城市景观的美学规律与审美价值，并揭示城市化进程中审美意义缺失所产生的负面效应，继而引发人们深刻的反思与觉醒。一方面推动政府及城市建设者转变思想观念，更自觉地按照美的规律来建设城市，从而实现城市中功能与审美的和谐统一，创造出宜居的美好城市环境。另一方面也促使市民转变审美心态和行为方式，改变急功近利的思想和低俗的品位，自觉地保护和营造具有审美情趣的日常生活环境，创造一个舒适宜居的家园。第二，就精神环境层面而言，有利于提高人们的生活质量，从满足基本的实用功能层面上升到享受愉快、自由和充满意义的美好生活。第三，就行为环境

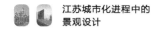
层面而言，有利于塑造人们的城市审美意识、家园意识，提升人们的文明素养和文化品位，从而促进城市景观健康、生态、可持续发展。

0.2 研究的内容和意义

2013 年中央城镇化工作会议指出，要"让城市融入大自然，让居民望得见山、看得见水、记得住乡愁"，[②] 在国内外引起了强烈的反响。中国改革开放 30 年以来经济快速发展，当代中国城市化建设也随之发展迅猛，越来越多的人开始关心景观设计，如何在头绪纷繁、错综复杂的问题之中，从城市化进程的角度梳理出景观的深层次的设计思想和创作理论，探索建设有中国特色的城市景观建设之路既是当务之急，也是历史的重任。

第一，江苏城市化进程中的景观设计的研究符合时代发展的需要。目前，随着世界范围内景观同质化问题的日益突出，创造具有独特艺术魅力的，能够与自然和谐相处的人类新文明，已成为不可阻挡的历史潮流。同时，我国也正处于城市建设和发展前所未有的繁荣的历史时期，在快速发展的同时如何满足人们的审美需求，实现人与自然的可持续发展，是时代给我们提出的重要课题。景观艺术恰好是所有艺术中最为关注人和自然关系的一个门类，实现人和自然共同繁荣、和谐共生也是景观艺术追求的最终目标。因此，从城市化视野下进行当代景观艺术的研究无论是在国外还是国内，都具有格外重要的时代意义。

第二，江苏城市化进程中的景观设计的研究符合丰富和完善景观艺术理论研究的需要。景观艺术在发展过程中受到了来自城市规划学、建筑学、农学等多种学科的影响，所以是一个极为综合的艺术门类。目前，景观的发展已成为全球化现象，与其共生的艺术只是其整体化的一个有机的侧面，而城市使得人们对景观的认识已不再是个体的、三维的、四维的，而是环境的、群体的、大地的。从江苏城市发展的角度来理解景观，掌握景观设计的思想，才能"传承文化，发展有历史记忆、地域特色、民族特点的美丽城镇"③，从而填补景观艺术研究的空白，丰富和完善景观艺术理论研究的领域。

第三，江苏城市化进程中的景观设计的研究符合促进景观艺术理论与实践相统一的需要。景观艺术是和人类社会实践紧密结合的一个艺术门类，它的实践领域从城市道路、广场、公园、居住区一直延伸到更为广阔的森林、河流、废弃地以及各类自然和文化遗址等处。与其他一些艺术门类不同，景观艺术作品不仅仅要满足人们的欣赏审美需求，还要应对更为复杂的功能要求和社会问题，因而在艺术思想和创作手法等方面都呈现出自己独有的特性，这种特性正是艺术社会实践性的有力表现。因此，通过江苏城市的发展来研究景观，既能优化宏观布局，也能搞好城市微观空间治理，有助于将景观学理论和实践统一起来，避免脱离实践的理论空谈。

第四，江苏城市化进程中的景观设计的研究符合推动跨学科研究的需要。景观艺术既具有艺术学的特性，又具有设计学的特性，同时又与城市规划学、建筑学、农学等学科密切相关。作为艺术学分支，景观艺术学与其他艺术门类相比，表现出更强的社会实践性，对它的研究，可以为艺术学研究提供丰富的实证资料；作为设计学的分支，景观艺术的研究又可以为注重实践的设计学提供艺术理论指导，从而保证景观设计实践应有的艺术品质。因此，对江苏城市化进程中的景观艺术和设计之间的关系进行系统的整理，对于艺术学理论的实践和设计学的艺术理论补充都具有积极的意义，有助于形成学科间的互补和共同发展。

第五，江苏城市化进程中的景观设计的研究符合提升我国景观艺术研究水平的需要。我国景观设计实践的蓬勃开展主要始于20世纪末，而我国的景观艺术研究则主要从21世纪初才开始。理论研究上的滞后，也直接影响到我国的城市景观水平。首先，景观设计评论缺乏主导性的评论原则。一部分文章偏离了景观本体的话题，而比较侧重经济、技术的决定作用，对景观理论建设的作用不大。景观设计师开展工作需要考虑到经济和技术的因素，但并不是将这些因素摆到主导的位置上。其次，我们的景观理论对当今景观各种主义或流派的观点虽做了很多的阐释，但往往停留在介绍和一般性的评论上，却很少去探索城市发展与景观艺术之间的联系。使我们经常在混沌中描绘景观，也在混沌中阅读景观，不少文章感性直觉的成分或经验总结的成分偏多，没能上升到逻辑思辨的高度。最后，景观理论的原则在实践过程中是需要用艺术的手段来进行衔接的，这也是中国当代景观形态中普遍存在的问题，即缺乏艺术的手法来充分、完整地表达一种设计的理想。

综上所述，我们不禁要问：江苏城市发展与景观艺术的关系如何？艺术在景观创作中起到了怎样的作用？中国景观设计的未来在哪里？这一系列问题需要我们进行系统、深入的研究。作为一个在艺术学院和建筑学院都求过学的探索者，我想在上述几个方面做一些肤浅的研究，首先，评介城市化进程对江苏景观设计的影响，指出城市化进程对景观设计存有衰退与发展的双重机遇。其次，阐述城市化视野中的江苏景观设计的语义界定、创作主体的城市化嬗变、传播方式的变更、附属价值的变化，明确本选题的基本特点与定位，进行实证调查与理论阐释。再次，论述江苏城市化视野中景观设计的变迁发展模式和内在动因，体现城市化视野中景观设计的变迁的纵向（景观设计自身的发展变化）与横向（城市化语境影响下的景观设计变化）两个层面的基本结构。最后，对景观设计在当代江苏城市化视野中一些重大的共性问题进行深入探讨，充实与完善景观设计的理论体系。

0.3 既有相关成果与不足

0.3.1 国外研究状况

从国外研究现状来看，西方国家对城市化进程中景观设计的研究和相关理论的探讨，主要散落在各种专业期刊和一些专辑之中，例如美国的 *Landscape Architecture*，*Progressive Architecture*，*Landscape Journal*，英国的 *Architecture Review*，*Landscape Design* 等。

从研究内容上看，主要包括三个方面：

第一，对城市的起源与发展和内涵与本质的研究。1960 年，凯文·林奇（Kevin Lynch）在《城市意象》中通过研究城市市民心目中的城市意象，分析城市的视觉品质并提出一些处理城市视觉形态的方法，着眼于城市景观的清晰和可读性，认为"城市景观，在城市的众多角色中，同样是人们可见、可忆、可喜的源泉。"[④]1961 年，刘易斯·芒福德（Lewis Murnford）在《城市发展史：起源、演变和前景》中系统地分析了史前时代城市的诞生到古希腊、古罗马、中世纪，一直到近现代各个不同时期城市的发展史，对城市发展的是非曲直、功过得失做了一个历史性的总结，并在最后展望了未来的远景。

第二，对景观艺术思想进行研究。1978 年，弗兰克·理查德·科威尔（Frank Richard Cowell）的《园林作为艺术》（*The Garden as a Fine Art*）通过对景观发展历史的研究，探讨了景观在不同时期对于美的追求，分析了景观成为艺术的历史过程。2001 年，伊丽莎白·巴洛·罗杰斯（Elizabeth Barlow Rogers）在《世界景观设计：文化与建筑的历史》（*Landscape Design: A Cultural and Architectural History*）中把景观作为对宇宙、自然、人性的态度来阐释，展示景观如何与绘画、雕塑、建筑以及其他艺术门类来共享艺术形式的，从文化和历史的视点探究了世界各地景观艺术的思想潮流。2004 年，苏赞安·贝特格（Suzaan Boettger）在《大地艺术：60 年代的艺术与景观》（*Earthworks: Art and the Landscape of the Sixties*）中针对一些艺术家在大地尺度上进行的景观艺术实践进行分析和评述。2007 年，露西亚·因佩卢索（Lucia Impelluso）的《园林艺术》（*Gardens in Art*）从中世纪庭园到 19 世纪城市公园的发展历程出发，分析了各个时期景观的组成元素，并且揭示了它们在其所处文化中的含义。2008 年，戈登·海沃德（Gordon Hayward）在《艺术和园林：绘画对园林设计的启示》（*Art and the Gardener: Fine Painting as Inspiration for Garden Design*）中通过绘画和景观的比较，研究了这两种艺术门类共有的视觉元素，从而为景观设计和欣赏提供了依据。

第三，对景观艺术设计理念和手法进行研究。和国内一样，这方面研究成果较多，且参差不齐，其中比较有影响力的包括：1988 年，樋口忠彦（Tadahiko Higuchi）在《景观的视觉与空间结构》（*The Visual and Spatial Structure of Landscapes*）中模仿凯文·林奇研究城市设计的方法，研究了构成景观的边界、道路、节点、标志物等元素，探讨了如何使它们结合成让人印象深刻的景观形象。1991 年，约翰·L. 莫特洛赫（John L. Motloch）的《景观设计概念》（*Introduction to Landscape Design*）介绍了景观设计的一般性概念、原理、法则和过程，探讨了影响景观设计的各种因素。1999 年，尼尔·柯克伍德（Niall Kirkwood）在《景观艺术的细节：基础、实践和案例研究》（*The Art of Landscape Detail: Fundamentals, Practices, and Case Studies*）中用大量建成的景观设计实例探讨了景观的细部设计在整个设计中的重要作用。2006 年，雅各布·克劳埃尔（Jacobo Krauel）的《景观艺术》（*The Art of Landscape*）主要通过案例研究来揭示自然和艺术在景观中如何融为一体的。以上资料中既包含了较为丰富的当代西方景观设计的研究内容，同时又是出自于西方人之手，具有较高的可信度，因此将其作为本次研究的重要参考资料。

0.3.2　国内研究状况

从国内研究现状来看，1979 年，南京大学的吴友仁先生发表了《关于中国社会主义城市化问题》的论文，拉开了中国城市化研究的序幕。随着费孝通所写的《小城镇，大问题》等，论证了小城镇在四化建设中的地位和作用，在全国掀起了小城镇研究的热潮。逐渐地，中国便越来越快地被纳入世界体系，无论是城市还是产业，中国从各个方面受到来自全球化的影响，因此用全球化的视角来研究江苏城市化的进程，成为这一时期学术的主题。其中以中国国家发展计划委员会地区经济司著的《城市化：中国现代化的主旋律》最具代表性。

江苏学者对江南传统造园艺术的研究较早，内容丰富。1930 年，童寯的《江南园林志》是近代首次以建筑学的视野对江南一带的古典

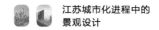
园林做了系统调查的建筑师。1979 年，刘敦桢的《苏州古典园林》对苏州现存园林进行介绍，并对其设计原则和具体手法予以阐述。2001 年，潘谷西的《江南理景艺术》将造园研究拓展到近郊风景名胜理景艺术中研究。

　　国内对景观设计进行研究主要是从 21 世纪初开始的，随着景观相关从业者人数的增加，景观论著、相关学位论文也猛增。研究人员对西方景观的设计和理论也进行了多方面的研究，并取得了一定的成果。但是，大家却对江苏城市化进程中景观设计的研究起步较晚，且研究不够充分。仅有部分成果出现，如：2003 年，南京市园林局编写的《南京新园林》记述了南京市景观建设的事业历程。2014 年，何建中的《江南园林建筑设计》从设计角度出发，包含江南园林中所有的建筑类别与建筑构件、细节的详细图纸、文字描述和数据列表。

0.3.3 存在的不足

　　当前国内外对于景观设计研究已经取得了丰硕的成果，积累了较为翔实的资料。但以下两方面的研究工作还需要进一步改进：

　　首先，随着江苏城市化进程的加速发展，城市景观的艺术品质越来越受到重视，这是社会经济发展的必然结果，也是人们日益重视环境品质的直接体现。当代中国景观设计实践中仍存在着很多问题，不仅缺乏艺术的手法表达独具特色的设计理想，更缺少系统的艺术学理论研究作为设计的指导。目前，对于江苏城市化进程中的景观设计研究缺乏科学严谨、集成性的整理著作。系统地研究城市化与景观的关系的理论著作很少，特别是专门针对城市发展与景观互动关系的集成性的整理著作基本是一片空白。

其次，当前的景观艺术研究相当一部分内容是聚焦于景观的技术等方面问题，而对景观的社会功能的研究所占比重较少。同时，为数不多的景观艺术方面的研究也主要是围绕设计作品和设计师进行介绍与分析，视野大多停留在景观领域以内，缺乏城市发展角度对景观艺术进行展开性研究。因此，不从城市发展的宏观角度对景观设计与城市化进程相互影响方面进行研究，就很难充分揭示江苏景观设计发展过程背后潜藏的文化和艺术根源，也不利于在景观设计实践中对艺术理论、文化艺术进行深层次借鉴。

0.4　研究方法与章节体例

0.4.1　运用比较研究的方法

景观是生活其间的所有的市民共同创造的，反映了社会政治、经济、文化的综合成就，还反映了城市之中的社会结构、关系、交往、生活方式以及大众审美取向，带有明显的社会学特征，运用社会学的相关理论和研究方法，能够探究文化的本土性、多样性、传统性对景观的影响。因此，运用社会学的研究方法可以从不同的角度去解读历史发展中景观艺术背后潜藏的文化含义。

在进行本项研究时，一方面在纵向上对景观艺术在不同时期表现出来的特征加以比较，描绘其在历史上发展的总体脉络；另一方面在横向上将其与城市发展加以比较，分析城市发展对景观艺术发展所产生的影响。

0.4.2 运用跨学科研究的方法

城市发展与景观设计两者之间存在着相互依存、协调发展的紧密关系。一方面，虽然景观学还涉及规划、工程技术等方面，但是他最终追求的是美的栖居环境，因此城市可以说是景观学科重要的研究领域之一；另一方面，景观作为传统园林的现代延伸，也是城市规划的一个重要分支，并和城市建设的方方面面发生着联系。因此，本项研究将突破学科壁垒，以交叉学科视角对景观艺术进行研究，既扩大景观设计的领域，又给景观学研究带来新的突破。

0.4.3 运用设计学的方法

设计学产生于 20 世纪三四十年代，是一门新兴的学科。由于设计学除了研究审美规律还研究物质生产与科学技术的关系，使得其本身具有自然科学的客观性特征。而设计活动与所处社会的政治、文化、艺术之间所存在的显而易见的关系，又使得设计学有着某种意识形态的色彩。设计学是一门建立于实践基础上的应用性很强的学科，重在设计艺术的历史与理论及设计实践的研究，可以理解为"设计的学问"。设计是一种设想、运筹、预测与谋划，它是人类为实现某种特别指定目的而进行的创造性活动，是对物品、器具、活动等进行目的性的设计，是人类特有的美化生活的有意识行为。现代设计学无处不在，应用于艺术设计、环境艺术、工业造型等各个领域，其设计理念、使用价值与审美价值都在影响着人们的观念，甚至影响着人们的行为方式、观看方式甚至思维方式。

景观设计属于广义设计学，具有设计学科的共同属性。景观设计常常运用设计学的相关理论方法，如视觉规律、技术美学、设计原理、审美特性等。

本书主要由五个章节以及绪论和结论组成。

绪论，指出本书的研究目的和意义，以及从城市化视野来看待当代景观设计问题的必要性。

第1章，主要对江苏景观设计的源流、形态创新的特征进行分析总结，并对一些主要变迁对景观形态的影响进行了系统分析。这不仅是对历史的回顾，更重要的是站在现代的立场来展现社会发展对景观设计的影响。

第2章，通过对江苏城市化视野中现代具有代表性的景观设计作品的分析，理清现代纷繁复杂的艺术形态，归纳出景观设计在不同时间阶段表现出的主要特征。具体分析其所包含的艺术思想和社会文化，这些现象不仅推动了一个时代的整个设计领域的变化和发展，而且就与景观形态的互动性而言，它们也有着十分具体的实践。

第3章，从1980年开始，我国推行城镇化进程之后，逐渐呈现城市化和现代化发展倾向，各种新的问题在政治、道德、文化、艺术等各个领域、各个层面表现出来。这使得江苏的社会文化氛围和思维逻辑产生了巨大的变化，城市化的理念极大地丰富了景观设计的发展格局，使景观设计呈现出一种无限开放的姿态。社会环境的变化引起了当代景观设计师的关注和反思，通过他们的实践，体现了"挪移""再现""拼接""创新"等种种景观设计观，并由此启发对更为广阔的非传统意义上的景观领域的探索。

第4章，本章从城市化进程中艺术视野下的"得与失"来衡量江苏景观的发展现状，分析现代江苏"千城一面"现象的主要原因。通

　　过现状的分析，指出江苏城市化进程对景观设计而言，不只是一种形式语言借鉴的来源，不只是一直推动发展的契机，更是一种思维方式，帮助人们明确现代江苏景观的发展方向。

　　第 5 章，本章以苏州相城阳澄湖生态旅游度假区景观策略研究为例，在简要介绍苏州相城阳澄湖概况的基础上，首先阐述了该案例的设计定位，然后从旅游资源和生态保护两个方面深入探讨了度假区景观设计的具体构思。

　　结论，作为全文的结章，从四个方面总结了本书的研究成果。首先，在学术界把对景观设计的研究集中在体系建构和图录记述的情况下，本书独辟蹊径，选取其在江苏城市化视野中作为研究对象，第一次全面、细致、深入地勾勒其发展变迁的基本面貌和主要特点，阐明景观设计发展应用对于我国社会发展所具有的理论价值、现实意义和局限性，将填补这一研究领域的空白。其次，本项目从江苏当代景观设计研究的前沿问题和实际需要出发，通过江苏城市化视野中景观设计的研究，第一次从历史发展的层面上对景观设计现象进行系统考察，开创性地提出城市化视野中景观艺术的推广与发展等同于文化自立的问题，开拓出当代中国景观设计重大理论和实际问题研究的新领域，总结出对景观设计问题的一些规律性认识，将实现基础理论上的一次提升；为使景观设计学成为一门既具有科学性又具有价值性的人文社会科学提供一个更加深厚的理论语境。最后，深化景观设计研究。通过对江苏城市化视野中景观设计的梳理，探索传统景观设计在社会转型时期的自身发展与文化身份确证的崭新尝试，直接为传承、保护与发展我国景观设计提供新思路与新策略，并间接丰富与完善了美术学、社会学、管理学等学科的理论体系。

【注释】

① 艾伦·伯格.畅想中国景观建筑 [J].世界建筑，2006(5)：98-103.

② 中央城镇化工作会议在北京举行 [N].人民日报，2013-12-15(1).

③ 中央城镇化工作会议在北京举行 [N].人民日报，2013-12-15(1).

④ 凯文·林奇.城市意象 [M].方益萍，何晓军，译.北京：华夏出版社，2001.

第 **1** 章　江苏城市化进程中
景观设计的
发展历程

1.1 江苏省环境概况

1.1.1 自然环境

江苏，简称"苏"，位于我国大陆东部沿海中心，介于东经116°18′~121°57′，北纬30°45′~35°20′之间。东濒黄海，西连安徽，北接山东，东南与浙江和上海毗邻。江苏地处美丽富饶的长江三角洲，平原辽阔，自然条件优越，经济基础较好。全省总面积约10.72万平方公里，约占全国总面积的1.1%，海岸线长954公里，2016年全省总人口约7 998.6万人，人口密度是1平方公里746人。自古人文荟萃，城乡建设肇始久远。（表1.1）

表1.1　主要城市土地面积、人口情况（2016年）

城市	土地面积（平方公里）	年末户籍人口（万人）	女户籍人口（万人）	当年出生人口（万人）	当年死亡人口（万人）	年末常住人口（万人）
南京市区	6 587	662.79	331.93	8.03	3.72	827.00
无锡市区	1 643	253.06	128.40	2.40	1.51	363.31
徐州市区	3 063	338.09	164.72	3.28	0.66	326.89
常州市区	2 838	294.95	150.03	2.90	1.91	394.67
苏州市区	4 653	348.02	176.80	4.33	2.08	551.03
南通市区	2 140	213.57	109.23	1.75	1.63	234.72
连云港市区	3 012	222.69	107.31	2.55	0.58	208.78
淮安市区	4 476	335.75	163.52	3.73	1.21	305.67

续表

城市	土地面积（平方公里）	年末户籍人口（万人）	女户籍人口（万人）	当年出生人口（万人）	当年死亡人口（万人）	年末常住人口（万人）
盐城市区	5 129	243.34	119.08	2.59	1.54	237.22
扬州市区	2 306	232.47	117.14	2.00	1.71	242.75
镇江市区	1 088	103.42	52.13	0.83	0.57	123.13
泰州市区	1 567	163.98	81.83	1.58	1.31	162.60
宿迁市区	2 154	176.14	85.50	2.77	0.63	159.74

资料来源：《江苏统计年鉴—2017》

　　江苏是我国地势最低平的一个省区，绝大部分地区在海拔 50 米以下，平原面积广阔，其中平原面积 7.06 万平方公里，约占全省面积的66%，主要由苏北平原、江淮平原、滨海平原、黄淮平原和长江三角洲组成。低山丘陵面积占江苏省总面积的 14.3%，大多为邻省山脉的延伸。东北部低山丘陵是山东山地的南延部分，主要有云台山、锦屏山、吴山、夹山、马陵山等。南部低山丘陵分布最为集中，主要有宁镇山脉、茅山、老山、宜溧山地等，其中宜溧山地是天目山向东北延伸部分，属天目山余脉。省内低山丘陵的山势低缓，海拔多在 200～300 米之间，最高玉女峰海拔 625 米，位于连云港市云台山。

　　全省境内河川交错，水网密布，长江横穿东西 425 公里之多，大运河纵贯南北 718 公里，西南部有秦淮河，北部有苏北灌溉总渠、新沭河、通扬运河等。有大小湖泊 290 多个。全国五大淡水湖，江苏得其二，太湖和洪泽湖像两面大明镜，分别镶嵌在水乡江南和苏北平原。省内自然土壤的地带性分布与气候、自然植被的分布有较大的一致性。

受水文地貌的影响，平原的湖滨低地常为沼泽地；沿江的冲积平原大多为草甸土；滨海平原受海水的浸渍形成盐土；黄淮平原地势相对低洼的地方，由于地下水位高或地下水富含盐分，加之蒸发旺盛，往往形成碱土。

江苏省处于亚热带向暖温带过渡地带，为典型季风特征。全省年平均气温介于 13℃ 至 16℃ 之间，冬季（一月）全省平均气温 -1℃ 至 3℃ 之间，夏季（七月）平均气温 26.5℃ 至 30℃。全省年平均无霜期 200 ~ 210 天。以淮河与苏北灌溉总渠一线为界，南部为亚热带湿润季风气候，北部属暖温带半湿润季风气候，在亚热带湿润季风气候带内，以镇江—扬州一线为界，分为长江下游平原丘陵亚区和长江三角洲亚区。江苏各地年降水量在 800 ~ 1 200 毫米之间，降水变化趋势大致是由南向北依次递减。年降水量的季节分配差别明显，夏季降水量较为集中，约占全年降水量的 40% ~ 50%。春季降水量也较多，南部春季降水量占年降水量的 25%，北部春季降水量占年降水量的 15%。南北气候上的明显分异，直接导致农业生产环境的差异，形成了江苏省内苏南、苏中、苏北的分异格局。行政区划上将江苏省分为苏南地区（苏州市、无锡市、常州市、南京市、镇江市），苏中地区（扬州市、泰州市、南通市），苏北地区（徐州市、淮安市、连云港市、盐城市、宿迁市）。

一个地区景观类型的组成及其数量特征是直接受自然因素影响的。从江苏省的自然现状分析来看，江苏省农业生产集约化水平高，农业生产状况在全国占有重要地位的事实是自然因素作用的结果。

1.1.2 非自然环境

截至 2016 年，江苏省共辖 1 个副省级城市、12 个地级市、21 个县级市、20 个县，55 个市辖区。江苏省主体部分是长江经济带的核心区域之一，江苏省同时也是我国农业最发达的省区之一，2000 年全省粮食产量占全国总产量的 6.4%，2016 年全省粮食产量占全国总产量的 5.6%。2016 年全省总人口 7 998.60 万，是我国人口最密集的省份，约是全国均值的 5 倍。2016 年全省实现生产总值 76 086.17 亿元，按可比价格计算，比上年增长 7.8%。分产业看，第一产业产值 4 077.18 亿元，占全国的 6.4%；第二产业产值 33 550.54 亿元，占全国的 11.3%；第三产业产值 38 458.45 亿元，占全国的 10%。因此，虽然全省农业生产在全国的地位逐步下降，但全省的经济发展在全国仍占有举足轻重的地位。江苏省人均耕地面积少，随着社会经济快速发展，耕地减少的趋势更加明显。从经济发展水平和城市分布地区差异看，江苏目前有 3 种城市化类型。（表 1.2）

表 1.2　江苏国民经济占全国的比重（2016 年）

指标	全国	江苏	江苏占全国的比重（％）
土地面积（万平方公里）	960	10.72	1.1
年末总人口（万人）	138 271	7 998.60	5.8
地区生产总值（亿元）	744 127	76 086.17	10.2
第一产业	63 671	4 077.18	6.4
第二产业	296 236	33 550.54	11.3
第三产业	384 221	38 458.45	10.0
人均生产总值（元）	53 980	95 257	高 41 277 元
一般公共预算收入（亿元）	159 552	8 121.23	5.1

指标	全国	江苏	江苏占全国的比重（%）
固定资产投资（含农户）(亿元)	606 466	49 663.21	8.2
＃固定资产投资（不含农户）	596 501	49 370.85	8.3
＃房地产开发	102 581	8 956.37	8.7
社会消费品零售总额（亿元）	332 316	28 707.12	8.6
进出口总额（亿元）	243 386	33 634.82	13.8
＃出口	138 455	21 063.18	15.2
普通高等学校本专科在校生（万人）	2 696	174.58	6.5
卫生机构床位数（万张）	741	44.31	6.0
卫生技术人员（万人）	845	51.71	6.1
＃执业（助理）医师	319	20.47	6.4
居民人均可支配收入（元）	23 821	32 070	高 8 249 元
城镇常住居民人均可支配收入（元）	33 616	40 152	高 6 536 元
农村常住居民人均可支配收入（元）	12 363	17 606	高 5 243 元
工农业主要产品产量（万吨）			
粮食	61 624	3 466.01	5.6
棉花	534	7.38	1.4
油料	3 613	131.93	3.7
粗钢	80 837	11 080.49	13.7

续表

指标	全国	江苏	江苏占全国的比重（％）
钢材	113 801	13 469.72	11.8
发电量（亿千瓦时）	61 425	4 667.73	7.6
水泥（亿吨）	241 353	17 989.78	7.5
农用化肥（折 100％）	7 129	207.17	2.9
化学纤维	4 944	1 458.19	29.5
布（亿米）	907	91.46	10.1
彩色电视机（万台）	15 770	1 839.38	11.7
汽车（万辆）	2 812	144.89	5.2

资料来源：《江苏统计年鉴—2017》

第一，沪宁城市带，包括南京市、镇江市、苏州市、无锡市、常州市，以沪宁铁路和高速公路为轴线。苏南城市化水平、经济水平在全国都名列前茅，今后发展目标是发展成为世界级城市带。

第二，长江以北的沿江地区，是城镇密集区雏形，包括南通市全部，扬州市和泰州市大部分（不含高邮、宝应、兴化），以及南京的六合、浦口两区。今后这一区域以众多的人口、城镇为基础，依托即将建成的高速公路和铁路，形成城镇密集区。

第三，苏北的徐州市、淮安市、盐城市、连云港市、宿迁市，以及扬州市的宝应、高邮，泰州市的兴化，为城镇点轴带。城市化水平和经济发展水平全省最低。今后依托铁路、高等级公路干线，形成据点式大中城市和轴线带城镇相结合的点轴带城市空间布局结构。

1.2 江苏省的城市建设概况

1.2.1 新中国成立至改革开放前期

1949 年 10 月 1 日，中华人民共和国成立，中央设建筑工程部主管建筑业和城市建设方面的工作。江苏地区分设苏北、苏南二行政区，南京市为中央直辖市，由中央人民政府直辖。各市人民政府的建设工作由建设局（科）主管。经过历年的战争，社会生产力受到极大的破坏，此时省域内城乡呈现一片百业凋敝、民生困苦的景象。中国共产党和人民政府以极大的政治热情和社会责任感组织城乡人民医治战争的创伤，建立新的社会秩序，恢复生产，安定人民生活。1949—1952 年为国民经济恢复时期，为适应城市经济的恢复和发展，城市建设工作提上议事日程。这一时期，城市建设工作的重点是改善市政设施和居住条件。一是整治城市环境，各市人民政府针对因城市雨水污水排泄不畅而集成臭水沟塘和大街小巷垃圾成堆的问题，采用以工代赈和组织居民义务劳动的办法疏浚城市河道，整修排水设施，清除历年堆集的垃圾。其中，南京市共动员 2 万人疏浚了秦淮河、惠民河和玄武湖，市容环境面貌得到改善。二是整修道路，恢复城市公共交通。南京市全面维修了城区干道，翻修通往郊区的道路。1951 年，苏北行政公署财政经济委员会将扬州、泰州、南通、淮阴四市市政交通建设作为建设工作的重点，当年市区筑路 14 千米，拓宽街道 15 千米。[①] 无锡、扬州拆除城墙建成环城路。三是改善劳动人民的居住条件。1952 年，南京、苏州、无锡、徐州等城市开始由政府出资建设工人住宅。四是改善了城市供水状况。②

自 1953 年起,中国进入第一个五年计划(简称"一五"计划)时期,第一次由国家组织有计划的大规模经济建设。以南京为例,"一五"期间,全市的基本建设投资总额达 38 291 万元,年均 7 660 万元,其中大部分用于生产性建设的恢复,在生产性投资中,工业建设是其主要对象。非生产性建设的投资也有了较大增长,五年共投资 14 922 万元,占全部投资额的 39%,其中住宅建设投资为 5 071 万元,修建的住宅面积达 190 万平方米,大大改善了人民的居住条件。③

在全省人民的共同努力下,江苏的社会主义改造和建设取得了一定成果:初步奠定了工业化基础,实现了由"为官僚服务"的特殊消费城市向"为人民服务"的新型生产城市的转型;顺利完成了从新民主主义到社会主义的历史转变,初步建立起以生产资料公有制及按劳分配为主体和基本特征的社会经济制度。但是,也有教训可鉴:首先,高度集中的计划经济管理体制,一方面,由于集中过多,难以发挥地方积极性;另一方面,忽视了价值规律和市场的作用,不能完全适应商品经济发展需求。其次,在全国出现急于求成的冒进倾向影响下,江苏的"三大改造"在后期出现了贪多求快的"左"的倾向,造成财力、物力,以及市场供应的紧张,给后来经济的发展带来了一定的消极影响。

1958—1962 年为第二个五年计划时期。1958 年"大跃进"运动兴起,各级党委和政府为尽快实现国家工业化,"以钢为纲"进行经济建设,全民大炼钢铁,城市和县城普遍兴建工业项目,城市规模迅速扩大。但是,"大跃进"时期的规划普遍存在高指标的倾向,只凭主观想象,而不顾客观实际,城市规模定得过大,建设标准定得过高,城市发展失去控制。同时,在"大跃进"运动中大炼钢铁,城市各个角落建起小高炉，城市人民公社在居住区内到处兴办街道工厂，不仅占用大量的住房和公共建筑，还占用不少园林、寺庙、道路广场，致使居住水平降低，商业网点锐减，市政设施失修失养，城市环境恶化。④

1963—1965 年为国民经济 3 年调整时期，这是从 1960 年开始的国民经济调整工作的延续。调整期间，中央和地方大幅度压缩基本建设规模，进一步强化对基本建设的管理。城市规划方面，1963 年全国第二次城市工作会议后，省内恢复了城市规划的编制工作。⑤

1966—1976 年为"文化大革命"时期。1966 年"文化大革命"开始后，经济建设陷于停顿。城市规划废弃，建设项目随意布点，城市园林和文物古迹被列为"四旧"遭到破坏，城市管理失去控制，乱拆乱建成风。基本建设程序被当作资本主义"管卡压"受到批判。工程建设只讲政治，而不讲效益，边勘察、边设计、边施工、边投产的"四边"工程不断出现。至"文化大革命"结束时，城市建设积累的问题成堆，主要是：城市住宅紧缺，成了严重的社会问题；市政公用设施严重不足，且年久失修，制约城市生产和影响人民生活；城市工业建设布局混乱，环境污染严重。但这一时期，经过全省军民的努力，仍然兴建了一批包括南京长江大桥、江都水利枢纽工程、南京五台山体育馆等在内的重要的基础设施和公共工程。⑥

1.2.2 改革开放至 20 世纪末期

20 世纪 70 年代，是城乡建设发展的转折时期。70 年代初期，苏南一带社队工业崛起，城乡关系的格局开始发生变化，给小城镇建设带来新的生机。1976 年"文化大革命"结束后，全省社会经济和各项建设事业呈现百废待兴的局面。1978 年 1 月，中共江苏省委为适应经济建设的需要，决定恢复省基本建设委员会，综合管理全省的基本建设和城乡规划建设工作。同年 3 月，国务院召开第三次全国城市工作会议，中共中央批转了这次会议形成的《关于加强城市建设工作的意见》，要求做好城市的整顿，抓好城市规划建设、环境保护和城市管理工作。同年，中共十一届三中全会胜利召开，全会做出了把全党工作重点转移到社会主义现代化建设上来的战略决策。自此，实行以经济建设为中心的指导方针和对外开放的政策，政通人和，经济发展，城乡建设进入新的发展时期。1980 年 4 月，省政府为加强城市的规划建设管理，设立省城镇建设局。1982 年，国家进行机构改革，设立城乡建设环境保护部，主管建设行政事务。1983 年 1 月 18 日，国务院批准江苏省实行市领导县的行政体制，全省设南京、徐州、无锡、苏州、常州、镇江、扬州、南通、淮阴（2001 年更名淮安）、盐城和连云港 11 个设区的市。同年 4 月 17 日，省级机构改革，省基本建设委员会和省城镇建设局合并组建江苏省建设厅。翌年 2 月 10 日，国务院批准江苏省建设厅改称建设委员会。从 1978—1992 年，全省城乡建设的指导方针、城市化的发展水平和各项事业发展的进程分述如下：

第一，中共十一届三中全会以后推行改革开放的政策，实行社会主义市场经济的体制，城乡规划建设在这一大的背景下发展。1981 年国务院将苏州列为全国环境保护 4 个重点城市之一。同年邓小平对中共中央党校顾问吴亮平《关于苏州园林名胜遭受破坏的严重情况和建议采取的若干紧急措施的报告》进行批示，要求对苏州"采取有效措施，予以保护"。1982 年 3 月 20 日，中共江苏省委向中共中央、国务院报告，"要在保护古城风貌的前提下，改造环境，改造各项服务设施，使之逐步符合现代化的要求"，省内各历史文化名城亦实行这一指导方针。同年，中共江苏省委召开全省第二次城市工作会议，着重讨论城镇建设的指导思想。会议确定：坚持"两个文明建设"一起抓，使城镇的面貌一新，成为既是物质文明建设的中心，又是精神文明建设的中心；要充分发挥城市的优势，以大中城市为中心，以小城镇为纽带，以广大农村为基础，发展城乡之间、区域之间的经济、文化和科技联系，组成合理的网络，实现城乡同步发展；城市要在发展生产性建设的同时，积极搞好非生产性建设，有计划有步骤地实现发展比例大体适当、生产和生活之间平衡发展；根据城市特点确定城市的性质，把城市规划好、建设好、管理好；有计划有步骤地建设好小城镇，充分发挥小城镇联结城乡的纽带作用。

第二，1982 年全省市镇共 125 个，有南京、无锡、徐州、苏州、常州、南通、连云港、镇江、扬州、泰州、清江 11 个建制市，有建制镇 114 个。当年人口普查，全省总人口 60 521 114 人，市镇人口 9 572 190 人，其中，建制市 6 745 009 人，建制镇 2 827 181 人，市镇人口占全省总人口的比例为 15.82%。1990 年，全省有市镇 547 个，其中，建制市 25 个（设区的市 11 个，县级市 14 个），建制镇 522 个。当年人口普查，全省总人口 67 056 812 人，市镇人口 14 468 558 人，其中建制市 10 339 130 人，建制镇 4 129 428 人，市镇人口占全省总人口的比例为 21.58%。1992 年，全省 75 个市县，建制市 31 个，其中设区的市 11 个、县级市 20 个，县 44 个。同年，全省有建制镇 610 个，乡集镇 1 409 个。⑦

第三，中共十一届三中全会以后，全省全面开展城市总体规划的编制工作。1981 年南通市率先完成城市总体规划的编制并报省人民政府批准。至 1986 年 6 月，国务院批准苏州市城市总规划，全省设区的市、县级市和县城总体规划编制工作全部完成。此后进入修订阶段。1979 年启动区域规划编制。1985 年开展市域规划的编制。1988 年完成省域城镇体系布局规划。80 年代初开展专项规划的编制。其中 1982 年 2 月和 1986 年 12 月国务院公布南京、苏州、扬州和镇江、常熟、徐州、淮安为历史文化名城，这些市立即进行历史文化名城保护规划的研究编制。1982 年开始，各市进行分区规划的编制。同期各市编制了大量的详细规划。

第四，1979 年根据第三次全国城市工作会议的决定，全省 64 个县中除灌南、洪泽二县外开征公用事业附加费作为城市维护建设资金，南京、无锡、徐州、苏州、常州 5 市实行从上年工商利润中提取 5% 作为城市维护和建设资金。1982 年扬州市，1983 年南通、连云港市，1984 年镇江市相继实行城市维护和建设资金从上年工商利润提成 5% 的政策，全省市县城市维护建设资金有了较大的增加。80 年代至 90 年代初，各市普遍开始修建城市道路，拓建和新建桥梁，整治排水设施，购置城市公交车辆，开辟公交线路，新建自来水厂，扩大城市燃气用户数量，增添环卫设施，整修风景园林，新建住宅区，市政公用设施的建设与城市新区、工业区、开发区同步建设、同步发展，城市的面貌有了较大改观，城市住宅紧张的状况也开始缓解。

第五，中共十一届三中全会以后，全省农村经济发展迅速，小城镇开始崛起。1980 年全省启动村镇建设规划工作，开展乡镇域规划、集镇规划、村庄规划的编制。小城镇普遍兴建道路和自来水厂，同时建设中小学校、农贸市场和文化活动中心等公共建筑。80 年代，农民建房增多，全省农房建设主要是将草房改建为瓦房，苏南地区则以建楼房为主。1992 年全省新建农房中，楼房建筑占 58.05%。[⑧]

1.2.3 21 世纪初至今

在 21 世纪到来之际，江苏城市规划发展的触角深入各个领域。《江苏省城镇体系规划（2012—2030）》明确指出：要坚持"协调推进城市化，区域发展差别化，建设模式集约化，城乡发展一体化"的新型城市化道路的指导方针。未来发展目标是城市化与工业化、信息化、农业现代化同步发展，将江苏建设成为经济高效、空间集约、环境优美、具有较强国际竞争力的城市群地区，城乡发展一体化的示范区，率先基本实现现代化的先行区，将江苏沿江城市带建成长三角世界级城市群的北翼核心区。[9]（表 1.3）

表 1.3 全省人口与城市化水平目标

年份	城市化水平（%）	常住人口（万人）	城镇人口（万人）	农村人口（万人）
2011	61.9	7 898.80	4 889.36	3 009.44
2015	67	8 200	5 490	2 710
2020	72	8 500	6 120	2 380
2030	80	9 000	7 200	1 800

资料来源：《江苏省城镇体系规划（2012—2030）》

城镇空间布局按照"区域统筹、集聚集约、因地制宜、低碳生态"的原则，引导全省空间结构优化。以沿江、沿海和沿东陇海地区为城镇重点集聚空间，苏北水乡湿地地区、苏南丘陵山地地区为城镇点状发展空间，全省形成"紧凑城市、开敞区域"的空间格局。

规划建设"一带两轴，三圈一极"的"紧凑型"城镇空间结构。即沿江城市带，沿海城镇轴和沿东陇海城镇轴；南京都市圈、徐州都市圈、苏锡常都市圈和淮安增长极。同时规划建设苏北水乡湿地和苏南丘陵山地两片城镇据点发展的开敞型区域。具体内容如下：

第一，沿江城市带。按照"整体有序，联动开发，开放创新，转型发展"的原则，将沿江城市带建设成为长三角世界级城市群的北翼核心区，具有国际竞争力的都市连绵地区。着力强化苏南地区的资源整合和转型发展、率先发展，以空间转型引导产业转型、环境优化和文化提升，将苏南地区建设成为以高新科技、生态环保、现代服务业为主的产业集群地，风景优美、具有深厚人文环境的宜居区，全国对外开放的前沿阵地。

第二，沿海城镇轴。按照"港城联动，多核带动，临海突破，生态约束"的原则，将沿海城镇轴建设成为江苏新型工业化地区，全面融入长三角地区一体化发展。

第三，沿东陇海城镇轴。按照"产业带动，极核驱动，城港联动，东西互动"的原则，将沿东陇海城镇轴建设成为全省新兴工业化地区、我国中西部地区的主要出海通道。

第四，南京都市圈。按照"提升核心、带动圈层、推进一体化、辐射中西部"的原则，提升中心城市功能，加快区域基础设施一体化步伐，构建具有较强国际竞争力和鲜明区域特色的现代产业体系，将南京都市圈建设成为全国主要的科技创新基地，长三角辐射中西部地区发展的枢纽和基地。

第五，徐州都市圈。按照"强化核心，轴向集聚，城港互动，辐射中西部"的原则，加强接受长三角和环渤海经济区的产业、技术扩散转移，突出核心城市功能，振兴都市圈经济，将徐州都市圈建设成为陇海兰新经济带的重要增长极，连接东部沿海和中西部地区的主要纽带。

第六，苏锡常都市圈。按照"产业转型升级，交通一体构建，设施共建共享，旅游资源整合，生态环境共保"的原则，重点加强都市圈要素整合、分工协作、协调发展，加快该地区进城农民和外来人口的市民化，全面提升城市化质量，推动长三角一体化进程，将苏锡常都市圈建设成为在更高层次上参与国际分工的先导区、全国创新型经济、转型发展、现代化建设的先行区。

第七，淮安增长极。按照"提升功能、建设枢纽、培育特色"原则，加强淮安中心城市公共服务功能，增强对区域的辐射带动能力；完善交通设施建设，提升综合交通枢纽地位；强化产业特色、景观特色、文化特色，推进中心城市的跨越式发展，促进区域协调发展。培育淮安成为特色增长极，全省城市化和经济发展方式转型的创新区，苏北重要中心城市。

第八，点状发展区。按照"城镇优先、效率优先、生态优先、一三（产业）优先"的总体思路，将苏北水乡湿地地区和苏南丘陵山地地区建设成为区域环境优美、空间特色鲜明、城镇点状发展、人民生活安康富裕的城镇化地区。[⑩]

至 2016 年，江苏省形成了 11 个特大城市，8 个大城市，35 个中等城市，7 个小城市，730 个镇构成的等级规模体系。（表 1.4）

表 1.4　全省城镇规模结构（2015、2016 年）

地区	2015			2016		
	总人口 （万人）	城镇人口 （万人）	城镇人口 比重 (%)	总人口 （万人）	城镇人口 （万人）	城镇人口 比重 (%)
全省	7 976.30	5 305.83	66.5	7 998.60	5 416.65	67.7
南京市	823.59	670.40	81.4	827.00	678.14	82.0

续表

地区	2015			2016		
	总人口（万人）	城镇人口（万人）	城镇人口比重 (%)	总人口（万人）	城镇人口（万人）	城镇人口比重 (%)
无锡市	651.10	490.93	75.4	652.90	494.90	75.8
徐州市	866.90	529.24	61.1	871.00	543.85	62.4
常州市	470.14	329.10	70.0	470.83	334.29	71.0
苏州市	1 061.60	795.14	74.9	1 064.74	803.88	75.5
南通市	730.00	458.15	62.8	730.20	470.03	64.4
连云港市	447.37	262.61	58.7	449.64	270.68	60.2
淮安市	487.20	283.31	58.2	489.00	291.84	59.7
盐城市	722.85	434.43	60.1	723.50	445.39	61.6
扬州市	448.36	281.53	62.8	449.14	289.25	64.4
镇江市	317.65	215.78	67.9	318.13	220.08	69.2
泰州市	464.16	285.69	61.6	464.58	293.61	63.2
宿迁市	485.38	269.53	55.5	487.94	280.71	57.5
苏 南	3 324.08	2 501.35	75.3	3 333.60	2 531.29	75.9
苏 中	1 642.52	1 025.37	62.4	1 643.92	1 052.89	64.0
苏 北	3 009.70	1 779.12	59.1	3 021.08	1 832.47	60.7

资料来源:《江苏统计年鉴—2017》

1.3 江苏省的景观发展概况

1.3.1 新中国成立至改革开放前期

从中华人民共和国成立到 1977 年，江苏的风景园林工作经历了曲折发展的过程。这一时期，园林管理机构相继成立，整修、恢复了一批旧公园，对部分私家园林加以改造，并正式对广大人民群众开放，公众精神为之一振。50 年代初，城市绿化改善城市小气候，净化空气，防尘、防灾及城市绿地规划的新概念从苏联传来我国，对推动我国城市绿化和公园建设起到了积极的作用，有着深远的影响。1952 年全国开展爱国卫生运动，江苏不少城市提出卫生、绿化相结合的口号，使公众性的普遍绿化有了一个良好的开端。1956 年 2 月，中央发出"绿化祖国"的号召，同年 11 月，在城市建设部召开的全国城市建设工作会议上，提出了普遍绿化，增加城市绿色的工作方针。江苏城市绿化、风景林绿化、河湖堤岸绿化拉开了序幕。徐州人民在毛泽东主席 1952 年登上云龙山所作"绿化荒山，变穷山为富山"指示的鼓舞下，掀起了绿化造林的高潮，硬是在条件十分恶劣、满山石灰岩的荒山秃岭上，放炮打眼，背土上山，栽种侧柏，挑水灌溉，绿化了整个云龙山脉。据有关专家评定，这是我国面积最大的人造侧柏林，写下了中国造林史上的光辉篇章。[11]

这一时期，在苏联公园规划理论指导下，全省公园建设活跃，一大批新公园相继建成。还辟建苗圃、花圃，大规模地进行了城市道路绿化，在数量上、规模上前所未有。绿化意识开始在市民心目中树立起来。

1958 年 2 月，国家城市建设部召开新中国成立以来第一次全国城市绿化工作会议，强调了城市绿化的重要性，明确提出园林结合生产的要求，并指出园林绿化、花卉栽培除供观赏外，更要注重经济效益。1959 年 12 月，在无锡市召开的第二次全国城市绿化工作会议上，受"大跃进"冒进思潮的影响，提出"鼓足干劲，力争上游，争取基本实现城市普遍绿化，大踏步向城市全面园林化进军"的口号，后因三年自然灾害，国民经济困难影响未能如愿，在此期间，公园、绿化建设虽仍在进行，但速度明显放慢。从 1961 年起，贯彻"调整、巩固、充实、提高"八字方针，城市园林绿化经历了发展、收缩、调整的过程。[12]

十年内乱，园林绿化、花卉盆景被作为"封、资、修"大加杀伐。园林管理机构被撤销，干部、工人、工程技术人员下放农村或调离岗位，科研中止，正常管理工作难以进行。公园中文物、传统名花、盆景在"破四旧"中被打、砸、抢；山林、树木被砍伐，绿地被侵占，园林失修失养，名胜古迹遭到严重破坏……备受摧残，损失难以估量。[13]

1.3.2 改革开放至 20 世纪末期

1978 年，中共十一届三中全会胜利召开，城市园林绿化事业得到重新认识和评价，恢复了应有的地位，迎来了真正的春天。1978 年，国家建委在济南召开了具有拨乱反正意义的第三次全国城市园林绿化工作会议。改革开放后，顺应世界潮流，得力于城市绿化和园林建设的大量实践，园林绿化建设逐步从传统园林扩大到城市绿化领域；旅游事业的发展，又扩大到风景名胜区保护、规划、开发、利用的领域，单一的传统园林进而发展为传统园林、城市绿化和大地景观规划三个

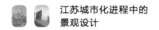
层次。

　　传统园林其主要代表即是江苏文人写意山水园林，以自然山水为园林主体，因地制宜，遵循山水的自然脉理作自由形象的构思，即便是缺乏山水地形的区域，也要"穿池筑山"或"掇山理水"，使自然美与艺术美高度结合，因而受到历代人们的热爱，并使之有可能从帝王的禁苑、达官贵人的宅第拓展到更广阔的空间。城市化进程中人工建筑对自然环境的破坏，促使人们日益重视保持自然和人工环境的平衡以及城乡协调发展的问题，城市绿化、大地景观的概念开始引起人们的注意。生态学的崛起、发展，世界环境大会的召开，对江苏城市绿化建设产生了极其深刻的影响。城市绿化以生态学理论为指导，研究绿化在城市建设中的作用，合理确定城市绿地定额指标，规划设计城市绿地系统，用以保证城市的自然风貌和生态平衡；大地景观规划在继承传统的基础上进一步发展，把大自然的自然景观和人文景观当作资源来看待，从生态、社会经济价值和审美价值三方面进行科学评价，在合理开发时最大限度地保存自然景观，最合理地使用土地。在上述思想指导下，江苏省基本建设委员会（简称"省建委"）于1980年召开全省园林绿化工作会议，要求各市恢复苗圃，修复"文化大革命"破坏的风景、园林，并明确提出城市园林绿化建设以地形地貌及植物材料造景为主，充分体现人与自然和谐相处，逐步成为各类园林绿地规划设计和建设的主导思想。从此，全省风景园林工作取得了长足的发展与进步。

　　随着《江苏省城市绿化管理条例》和《江苏省风景名胜区管理条例》的颁布，省政府确立了领导干部绿化责任制，推行绿化重点工程建设制，使各级政府把风景园林工作提到了议事日程。城市主要领导亲自动员，抓点示范，并把风景园林建设与城市综合开发、综合整治、创建卫生城市等活动结合起来，加快了发展速度，造成了千军万马干绿化的巨大声势。一大批名胜古迹得以修缮、重建，如扬州二十四桥景区已成为热点景区；常熟市虞山风景区退田还湖 800 公顷，全面改善了风景名胜区的景观质量；南通市政府为改造濠河，下决心搬迁了沿河几家污染严重的工厂与企业，并逐年逐段地清淤换水，使龙须沟般的濠河成为桃红柳绿、碧波荡漾、游船如梭的风景胜地，濠河的改造使南通市区的环境质量有了明显的提高；盐城市、昆山市、江阴市政府拿出城市中心黄金地段建成游园绿地，并通过旧城改造，搬迁工厂和居民，填埋污水沟渠等建成公共绿地；无锡市的街头绿地、滨河绿地、小游园星罗棋布，遍及全市；常州市在居住区建设中严格把关，配套建设园林绿地，居住区、居住小区的绿化达到国家和省的标准，不少小区被评为建设部获奖小区、示范小区，在全国颇具影响。绿地的建设大大改善了城市面貌，取得了非常好的社会和环境效益。⑭

1988 年 8 月和 1992 年 10 月江苏省第七届人民代表大会常务委员会召开第四次会议和第三十次会议，先后通过了《江苏省风景名胜区管理条例》和《江苏省城市绿化管理条例》，江苏各级风景名胜区相继建立和完善了管理机构，行使部分政府职能，对风景区实施统一管理；一些城市园林绿化部门理顺了管理体制，全面承担起行政、行业、资金管理的职能。风景名胜区和城市园林绿化工作步入了正常发展的轨道。

1981 年 4 月，省城镇建设局制定《江苏省古树名木评价鉴定标准》，在全省城市内开展了古树名木调查；1982 年 4 月，省建委在全省城市开展了评选市树、市花的活动，力图让植树栽花活动深入人心，普及到每个市民。1988 年省建委与省地矿局合作，运用遥感技术在全省 11 个设区的市、4 个重点县级市开展了城市绿化航空遥感调查与研究，摸清了家底，积累了大量的第一手资料，为全省和各市绿地系统规划提供了科学依据。同年进行的 13 个城市树种规划研究课题，提高了各市绿化的科学性，有利于形成绿化特色与风貌，最大限度地发挥了绿地"三效益"。

　　1985 年，省建委以镇江市南山风景名胜区为试点，全面推开风景名胜区规划编制工作；1986 年，又以淮阴市为试点，全面推开城市绿地系统规划的编制工作，用以指导城市的园林绿化建设。在试点指导下，江苏风景名胜区在总体规划编制中还对近期建设的 1～2 个景区与风景区总体规划一并规划，以便与近期建设相衔接；城市的绿地系统规划、建设由建成区扩展到了城市的规划区，乃至规划区外。保护和改善城市生态环境、保护城市的自然风貌成了主要关注的内容。1989 年 10 月，省建委召开第二次全省风景园林工作会议，要求全省在"八五"期末全面完成现有风景名胜区及城市绿地系统规划的编制工作。1990 年，省建委下达了《江苏省城市绿地系统规划编制内容的规定》，1994 年下达了《江苏省风景名胜区规划编制纲要》，根据这两个文件，各地先后编制了城市绿地系统规划和风景名胜区规划。到 1994 年底，11 个设区的市除苏州、常州市外，城市绿地系统规划全部通过专家论证，县级市也着手开展这项工作。省以上风景名胜区规划编制论证工作全部完成。通过规划，城市园林绿化明确了性质、地位、作用及发展方向和目标，风景名胜区明确了性质，确定了范围，提出了资源保护的要求，为更好地发挥风景园林环境、社会、经济"三效益"，有计划地进行开发建设，起到了科学的指导作用。

为了解决风景园林建设资金短缺问题，各地采取了一些有效做法：多渠道集资建设，由社会各界特别是风景园林区域周围受益单位集资或独资建设。如泰州的东河、徐州的彭园、云龙湖及南京的白鹭洲公园等；由政府给政策，由物价部门决定，调整公园门票价格，增加风景名胜区、公园的经营收入；充分利用风景园林资源及传统文化的优势，开展符合自身性质的经营活动，积极开拓行业内部第一产业、第二产业、第三产业的国内国际市场；公园、风景名胜区充实和调整活动内容，增强参与性、娱乐性，改变大而空的格局，形成符合时代需要的新型的风景园林，以招徕游客。特别是将风景园林行业推向市场以后，以风景园林为依托，形式多样、内容丰富的艺术节（会）活动在全省各地不断开展，如扬州的琼花艺术节、中秋赏月晚会，南通的民间艺术节，镇江的"金山之光"艺术节，等等，为扩大地方经贸范围、宣传介绍地方投资环境、吸引外资做出了很大贡献，成为地方与全国各地乃至与世界进行交流的纽带。各市普遍开展植树、栽花、种草等绿化活动，环境面貌进一步改善。全省发展了多处风景名胜区，修复多处古典名园，建设了一批上水平的公共绿地，涌现了一批园林式的单位和居住区，市级公园、区级公园、居住区及居住小区级公园、小游园、街头绿地等如雨后春笋般地涌现。[15]

1.3.3 21 世纪初至今

为了促进城市经济、社会和环境的协调发展，进一步提高城市绿化工作水平，改善城市生态环境和景观环境，2001 年 2 月 26 日至 27 日，国务院召开了全国城市绿化工作会议。同年 5 月 31 日，国务院针对城市绿化建设发布了《国务院关于加强城市绿化建设的通知》。2007 年 8 月

30 日，建设部发布了《关于建设节约型城市园林绿化的意见》，要求各地按照建设资源节约型、环境友好型社会的要求，全面落实科学发展观，因地制宜、合理投入、生态优先、科学建绿，将节约理念贯穿于规划、建设、管理的全过程，引导和实现城市园林绿化发展模式的转变，促进城市园林绿化的可持续发展。

2011 年 3 月 8 日，国务院学位委员会、教育部公布《学位授予和人才培养学科目录（2011 年)》。新目录将"风景园林学"正式升级为一级学科，标志着风景园林行业从国家层面得到了充分重视和认可，预示着风景园林教育春天的到来。

到 2016 年底，江苏省城市（县城）绿地面积总量 3 108.48 平方公里，其中建成区园林绿地面积为 1 909.21 平方公里。城市（县城）建成区绿化覆盖率和绿地率分别为 42.91%、39.31%，人均公园绿地面积达到 14.8 平方米。全省拥有"国家园林城市" 21 个，"国家园林县城" 5 个，"国家园林城镇" 13 个，"省级园林城市" 15 个，"省级园林小城镇" 20 个，"国家生态园林城市" 3 个；"国家重点公园" 18 个，"国家城市湿地公园" 6 个；世界文化遗产 2 处——苏州古典园林和南京明孝陵，国家自然与文化双遗产 1 处——南京中山陵；国家级风景名胜区 5 个、省级风景名胜区 18 个，景区总面积约 1 862.96 平方公里，占全省面积的 1.77%。（表 1.5）

表 1.5　城市园林绿化情况

| 年份城市 | 园林绿地面积（公顷） | #公园绿地 | 建成区绿化覆盖面积（公顷） | 公园 | | 人均公园绿地面积（平方米） | 建成区面积（平方公里） | 建成区绿化覆盖率（%） |
				个数（个）	面积（公顷）			
1978	7 303			59	786			
1980	6 582	1 341		72	944	2.7		19.3

续表

年份 城市	园林绿地 面积 （公顷）	＃公园 绿地	建成区 绿化 覆盖面积 （公顷）	公园		人均公园 绿地面积 （平方米）	建成区 面积 （平方 公里）	建成区 绿化 覆盖率 （%）
				个数 （个）	面积 （公顷）			
1985	7 998	1 450		83	1 030	2.3		20.6
1989	18 148	3 214	12 804	172	2 725	3.7		19.2
1990	20 337	3 447	14 112	184	2 991	3.8		19.5
1991	19 096	3 841	16 423	201	3 071	4.3		18.4
1992	20 898	4 283	21 726	217	2 958	4.5		21.4
1993	30 174	5 882	31 133	242	5 179	5.8		22.1
1994	33 089	6 124	34 728	241	5 396	6.1		29.6
1995	48 564	7 226	34 093	264	5 648	6.9		30.8
1996	50 558	7 528	35 964	283	5 263	6.9		30.3
1997	52 349	8 175	38 356	287	4 831	7.3		30.9
1998	54 756	8 891	40 513	295	4 920	7.7		32.3
1999	57 386	9 581	43 725	303	5 027	8.0		33.7
2000	60 064	10 248	45 925	313	5 159	8.1		33.2
2001	94 175	12 724	49 456	374	5 549	6.6	1 549	31.9
2002	137 702	16 252	68 413	403	6 374	7.1	1 939	35.3
2003	145 956	18 743	74 929	446	7 317	7.9	2 120	35.4
2004	172 563	21 617	85 367	489	9 098	8.9	2 253	37.9
2005	189 070	25 687	94 778	539	9 924	10.3	2 379	39.8

续表

年份 城市	园林绿地 面积 （公顷）	#公园 绿地	建成区 绿化 覆盖面积 （公顷）	公园		人均公园 绿地面积 （平方米）	建成区 面积 （平方 公里）	建成区 绿化 覆盖率 （％）
				个数 （个）	面积 （公顷）			
2006	152 885	25 868	107 752	492	10 608	11.6	2 583	41.7
2007	180 784	29 125	116 157	601	11 787	12.6	2 714	42.8
2008	195 460	30 645	123 801	628	13 026	13.1	2 904	42.6
2009	214 989	32 403	127 930	590	13 740	13.2	3 046	42.0
2010	227 584	33 585	137 623	584	12 433	13.3	3 271	44.1
2011	237 486	35 634	147 157	701	15 687	13.3	3 494	42.1
2012	247 001	38 069	154 135	783	16 465	13.6	3 655	42.2
2013	256 263	40 413	161 671	842	18 707	14.0	3 810	42.4
2014	265 543	42 901	171 265	883	21 879	14.4	4 020	42.6
2015	274 071	44 713	179 411	942	25 935	14.6	4 189	42.8
2016	281 855	46 476	184 591	1 074	29 076	14.8	4 299	42.9
南京 市区	91 674	9 624	34 625	141	7 301	15.3	774	44.8
无锡 市区	18 905	3 744	14 270	54	3 814	14.9	332	43.0
徐州 市区	15 983	2 879	11 436	74	1 810	15.7	261	43.8
常州 市区	11 320	2 713	11 256	39	1 080	14.5	261	43.1
苏州 市区	22 184	4 592	19 385	167	2 110	14.7	462	42.0

续表

年份城市	园林绿地面积（公顷）	#公园绿地	建成区绿化覆盖面积（公顷）	公园		人均公园绿地面积（平方米）	建成区面积（平方公里）	建成区绿化覆盖率（%）
				个数（个）	面积（公顷）			
南通市区	9 638	3 035	9 332	37	561	18.5	216	43.3
连云港市区	22 460	1 542	8 609	25	632	14.7	214	40.2
淮安市区	8 166	2 267	7 506	20	1 176	14.0	179	42.1
盐城市区	6 844	1 731	6 141	56	1 194	12.8	148	41.5
扬州市区	7 540	2 167	6 525	89	1 762	18.6	149	43.8
镇江市区	8 445	1 689	5 975	24	627	19.0	139	42.9
泰州市区	4 538	1 008	4 809	23	580	10.7	115	42.0
宿迁市区	9 115	1 116	3 693	20	943	15.3	86	42.9

资料来源：《江苏统计年鉴—2017》

到 2016 年底，江苏省城市（县城）按照《城市园林绿化评价标准》的要求，在城市园林绿化总量保持平稳增长的基础上，进一步提高城市绿地系统综合效益，完善城市绿地布局的均衡性，提升园林绿化建设品质，建成总量适宜、分布均衡、功能完善、植物多样、特色鲜明、生态良好的城市园林绿地系统。

【注释】

① 南京市档案局. 城市的接管与社会的改造·江苏卷·南京分册 [M]. 北京：中央党史出版社，1997：140.

② 中共南京市委组织部. 南京党史八十年：中共南京地方简史读本 [M]. 南京：江苏人民出版社，2001：141.

③ 南京市人民政府研究室. 南京经济史 [M]. 北京：中国农业科技出版社，1998：256.

④ 南京市人民政府研究室. 南京经济史 [M]. 北京：中国农业科技出版社，1998：100.

⑤ 徐耀新. 南京文化志 [M]. 北京：中国书籍出版社，2003：98.

⑥ 南京市人民政府研究室. 南京经济史 [M]. 北京：中国农业科技出版社，1998：278.

⑦ 江苏省统计局. 江苏统计年鉴（1980—2000）[M]. 北京：中国统计出版社，1980—2000.

⑧ 江苏省统计局. 江苏统计年鉴（1980—2000）[M]. 北京：中国统计出版社，1980—2000.

⑨ 南京市人民政府办公厅. 石城辉煌 [M]. 南京：南京出版社，2008：229.

⑩ 南京市人民政府研究室. 南京经济史 [M]. 北京：中国农业科技出版社，1998：45.

⑪ 江苏省地方志编纂委员会. 江苏省志·风景园林志 [M]. 南京：江苏古籍出版社，2000：17.

⑫ 南京市人民政府办公厅. 石城辉煌 [M]. 南京：南京出版社，2008：231.

⑬ 徐耀新. 南京文化志 [M]. 北京：中国书籍出版社，2003：98.

⑭ 南京市人民政府办公厅. 石城辉煌 [M]. 南京：南京出版社，2008：156.

⑮ 南京市人民政府研究室. 南京经济史 [M]. 北京：中国农业科技出版社，1998：76.

第**2**章

第 **2** 章

江苏城市化进程中
绿地系统的
格局演变

2.1 江苏城市景观建设的理论基础

2.1.1 城市公园的概述

从 1850 年开始，随着美国大城市的不断扩张以及城市人口的迅速膨胀，城市环境越来越恶化，作为改善城市卫生状况的重要措施，出现了大量的城市公园，现代意义上的城市公园也就此诞生。1857 年，美国景观设计学的奠基人弗雷德里克·劳·奥姆斯特德（Frederick Law Olmsted）与沃克（Calvert Vaux）共同设计了 360 公顷的纽约中央公园，其中配置了大面积的草坪，并以原生植物围绕作为背景，曲线形式的园内道路环绕在高低起伏、视野开阔的草坪四周，同各种树木围合成各种不同形态的空间，在繁华的城市中心营造出一个宛如乡村景致的休闲去处。至此，公园已不再是少数人所赏玩的奢侈品，而是普通公众身心愉悦的空间。

城市公园的基本功能是满足城市居民的休闲需要，为城市居民提供休息、游览、锻炼、交往，以及举办各种集体文化活动的场所。现代城市充斥着各种建筑物而过于拥挤，存在缺乏隔离空间、救援通道等问题，城市公园的建设则是一个一举多得的解决办法。近年来城市公园在改善生态和预防灾害方面的功能逐步得到加强。另外，随着城市旅游的兴起，许多知名的大型综合公园以其卓越的艺术品位率先成为都市重要的旅游吸引物，城市公园也起到了城市旅游中心的功能。

城市公园也是城市绿化美化、改善生态环境的重要载体，特别是大批景观绿地的建设，不仅在视觉上给人以美的享受，而且对局部小气候的改造有明显效果，使粉尘、汽车尾气等得到有效抑制，在改善现代城市生态和居住环境方面有着十分重要的作用。

2.1.2　城市公园的源起

在中世纪及其之前的城市并不存在任何城市花园，那时城市最重要的功能是防卫。文艺复兴时期意大利人阿尔伯蒂首次提出了建造城市公共空间应该创造花园用于娱乐和休闲，此后花园对提高城市和居住质量的重要性开始被人们所认识。

城市公园作为大工业时代的产物，从发生来讲有两个源头：一个是贵族私家花园的公众化，即所谓的公共花园，这就使公园仍带有花园的特质。17世纪中叶，英国爆发了资产阶级革命，武装推翻了封建王朝，建立起土地贵族与大资产阶级联盟的君主立宪政权，宣告资本主义社会制度的诞生。不久，法国也爆发了资产阶级革命，继而革命的浪潮席卷全欧。在"自由、平等、博爱"的口号下，新兴的资产阶级没收了封建领主及皇室的财产，把大大小小的宫苑和私园都向公众开放，并统称为公园（Public Park）。1843年，英国利物浦市动用税收建造了公众可免费使用的伯肯海德公园，标志着第一个城市公园正式诞生。

另一个源头源于社区或村镇的公共场地，特别是教堂前的开放草地。早在1643年，英国殖民者在波士顿购买了18.225公顷的土地为公共使用地。自从1858年纽约开始建立中央公园以后，全美各大城市都建立了各自的公园，形成了公园运动。

2.1.3 城市公园的内涵

2002 年我国建设部发布《园林基本术语标准》，其中关于公园的定义是：供公众游览、观赏、休憩、开展户外科普、文体及健身等活动，向全社会开放，有较完善的设施及良好生态环境的城市绿地。城市公园包含以下几个方面的内涵：首先，城市公园是城市公共绿地的一种类型；其次，城市公园的主要服务对象是城市居民，但随着城市旅游的开展及城市旅游目的地的形成，城市公园将不再单一地服务于市民，也将服务于旅游者；再次，城市公园的主要功能是休闲、游憩、娱乐，而且随着城市自身的发展及市民、旅游者外在需求的拉动，城市公园将会增加更多的休闲、游憩、娱乐等主题的产品。

2.1.4 城市公园的分类

《城市绿地分类标准》按城市公园的主要功能和内容，将其分为综合公园、社区公园、专类公园、带状公园和街旁绿地 5 类。

第一，城市公园的一般分类：居住区小游园、邻里公园、社区公园、区级综合性公园、市级综合性公园、线型公园（滨河绿带、道路公园）、专类公园等。

第二，按服务半径分类：邻里公园、社区性公园、全市性公园等。

第三，按面积分类：邻里性小型公园（面积 2 公顷以下）、地区性小型公园（面积在 2 ~ 20 公顷之间）、都会性大型公园（面积 20 ~ 100 公顷之间）、河滨带状型公园（面积 5 ~ 30 公顷之间）等。

第四，按设置机能分类：生态绿地系统、防灾绿地系统、景观绿地系统、游憩绿地系统等。

第五，按公园功能、位置、使用对象分类：自然公园、区域公园、综合公园、河滨公园、邻里公园。

2.2 江苏城市化进程中景观设计的发展成果

1990 年以来，联合国教科文组织将黄山等 14 处风景名胜区列为世界文化遗产，国家建设部批准北京等 5 城市为国家园林城市，给城市风景园林工作指明了方向。江苏结合创建卫生城市及城市环境综合整治工作，在国家建设部、省政府统一领导下，在可持续发展理论的指导下，在全省范围内掀起了创建"文明、卫生、安全"达标风景名胜区及创建园林城市的热潮。随着江苏城市化进程的加速，苏南小城镇快速崛起，苏北地区也在持续发展。1993 年至 1994 年间，结合创建园林城市、卫生城市及城市环境综合整治，南京市建设了 6 条园林路；镇江市建设了三山风景名胜区金山西区芙蓉楼、百花洲；徐州市动员社会力量，谁投资谁受益，建设了云龙山风景名胜区的 10 个景点及市内 10 处公园、小游园及街头绿地；常州市建设了陈渡草堂；昆山市、常熟市、锡山市建设了城市广场、市府广场，苏州市、扬州市分别建设的干将路绿带、文津园绿带等，均有一定的规模和质量，大大改善了城市面貌。一批县级市，如张家港、昆山、江阴、常熟、丹阳等，正以日新月异的建设速度赶超全省乃至全国的园林绿化先进水平。

到 1994 年末，全省城市绿化覆盖率平均为 29.6%，绿地率平均为 21.5%，人均公共绿地面积 6.1 平方米；全省拥有 4 个国家重点风景名胜区，8 个省级风景名胜区，7 个市（县）级风景名胜区。风景名胜区面积达 1 573.4 平方公里，保护地带面积 2 448 平方公里，分别占全省面积的 1.57% 和 2.5%。另外，淮阴市、盐城市拟利用近郊林地、果园，建设大型公园和风景区，正在筹划、建设中的有古黄河生态民俗园、果林公园、大洋湾风景区等，这些较大规模绿地的建成，必将对提高城市的环境质量起到重要作用。[①]

1994 年末，江苏省召开第三次风景园林工作会议，拟定 1995—2010 年规划，明确提出"一手抓改革，一手抓创建"。对城市公共绿地和风景名胜区实施与国民经济和社会发展协调同步的原则，与城市建设同步配套的原则，统一规划、综合开发、配套建设的原则及谁投资谁受益的原则。动员全社会的力量来加强风景名胜区保护和城市园林绿化，全面推进风景园林事业快速、健康发展。这一阶段的工作，特别是创建"园林城市"的实践证明，园林城市继承和发扬了我国人民热爱自然、善于利用山川地貌、模拟自然法则建设家园的传统，充满着浓郁的文化底蕴和氛围，是建设有中国特色现代化城市环境的理想模式，符合可持续发展的原则，是中国城市化运动的发展方向和战略选择。

城市化进程的加快，使人们对自然环境更加向往；科学技术的日新月异，使生态研究和环境建设日益广泛深入；社会经济的长足发展，使人们闲暇时间增多，旅游事业得以蓬勃发展。风景园林作为为人们提供舒适、方便、健康服务的行业及对改善生态环境和大地景观起重大作用的事业有了更加广阔的发展前景。

2.3 城市绿地系统概况

城市绿地系统是城市各类园林绿地"系统构成"的总称。全省各市的具体情况有别，带来系统结构上的差别和侧重面的差异。就形式结构的构成而言，可概括为"点、线、面、边与大、中、小型分级配合"。所谓"点"，是指城市公园系列。公园是以其有效服务半径和服务内容的吸引力分担城市文化休息的绿地系列，也为城市居民的防震、防火等防灾措施提供疏散场所。公园系列的大、中、小型结合和内容分工，可以更好地增大绿化覆盖面和提高服务的质量。绿地系统中的"线"，是指带状绿地系列，在江苏各市如城市水源地的防污染绿带和滨河绿带，传染病防治院及污染地区卫生隔离带，林荫道、道路绿带及街巷行道树等。带状绿地系统，是绿地系统中的网络组织。"面"是指居住、商业、文教、科研、机关、厂矿、部队、交通、仓储等用地中的绿化用地。这是面广量大的绿地，一般都占到各市绿化覆盖面积的 60% 以上。所谓"边"，是指城乡接合部与城市周边的风景名胜区、森林公园、城市生产绿地等。"边"是城市绿地系统与国土规划中的大地景观相接轨的地带。[②]

点、线、面、边等四大绿地体系构成城市的绿地系统，保障与优化了城市生态，美化了城市环境景观。城市绿地系统对城市生态平衡起着决定性作用：大型的近郊风景名胜区及森林公园等起着城市氧气库、绿色水库、地方珍稀物种与资源保藏库等作用，同时也可为城市降低灾害性气候影响，调节城市小区域气候，缓解城市热岛效应。通过带状绿地系统或楔形绿地（如常熟市虞山端部的楔入市区形式等）向市区输送新鲜空气，以提高城市空气中的含氧量与阴离子浓度，调节湿度，吸收二氧化碳与有害气体（特别是汽车尾气），降低城市建筑物与道路广场炎热季节的辐射强度，降低噪声与空气含尘量、含菌量等；公园系列不仅是为市民文化、休闲、保健等活动提供艺术的生态境域，而且可普及科学知识，陶冶情操，提高审美情趣，促进旅游事业的发展，为国家创造财富等。整个绿地系统的优劣也是区分城市国际地位高低的一项重要标准。

新中国成立前，无锡市和南京市分别提出"划分市区计划"和"首都计划"，但其绿化规划内容未能全面实施。新中国成立后，多数大中城市都编制有阶段性的绿化规划，具有绿地系统规划的雏形。江苏省各市按国家要求全面开展城市绿地系统规划始于 1980 年。自国家建设委员会（简称"国家建委"）下达《城市规划编制审批暂行办法》（简称《办法》）后，在省、市领导重视关心下，各市积极组织进行城市总体规划工作。根据《办法》规定，城市园林绿地系统规划在城市总体规划报批时必须同时报批。城市绿化用地列入城市规划，用地平衡，还规定了按城市人口规模确定人均公共绿地面积的规划参考指标。③

江苏省人民政府于 1980 年成立了省城市规划审批工作小组，并聘请有关方面专家和有关部门领导同志成立了江苏省城市规划审议委员会。自 1980 年下半年开始至 1985 年 10 月，全省 13 个市和由省审批的 13 个县城、镇的城市总体规划全部审批完成。从此，江苏省各城市的城市绿地系统规划，以法定形式确立了在城市总体规划和建设中的地位，成为城市生态的系统性建设蓝图。

城市绿地系统这一崭新的领域是江苏历史文化积淀的产物。其源有三：其一，"渊博万类"的祖国古代文化。早在公元前 1 000 多年的西周初期，已经对天子帝都与诸侯国国都在规制上与苑囿、陵园封树、坛庙台榭的位置、规模、布局等都做了典章制度性质的规定。这可视为都邑与苑囿、陵园、台榭、绿化一体化规划的滥觞。江苏各城市在建城规划与自然山水相结合的传统、城市园林的历史积存以及人民自然审美观的成熟等都为城市绿地系统的规划奠定了良好的基础。其二，受国际城市科学与技术进步的影响。①新中国成立初期吸收了苏联有关城市规划建设的学术理论与建设经验。②资本主义经济发达国家在空前规模的工业化大生产条件下，许多著名国际化大都市被笼罩在"水俣病""酸雨""光化学毒雾"的魔影之下，因之有识之士掀起了波澜壮阔的保护地球生态的运动。其三，中国共产党与毛泽东主席关于"绿化祖国"与"实现大地园林化"口号的积极作用。在"绿化祖国""实现大地园林化"口号的鼓舞下，江苏城市园林绿化工作以绿化城市的群众运动形式实行城市普遍绿化为主，并在有限财力条件下，着手城市原有园林的修复、整建并逐步转向扩建和新建公园绿地的工作。30 多年来，江苏城市园林工作者为建设有江苏地方风格的城市绿地系统，做了大量艰苦细致的探索和研究，奠定了以生态学和风景美学为指导的思想理论基础，以 13 个设区市和省内历史文化名城为重点，取得了丰富的实践经验。

2.4 现代江苏城市绿地系统

1949 年江苏全境解放时，各城市园林荒芜，名胜破败，绿化基础极其薄弱，更谈不上"系统"。据统计，当时南京市仅有园林绿地 1 972.72 公顷，其中公共绿地 65.55 公顷，人均 1.3 平方米，专用绿地 103.5 公顷，生产绿地 41.61 公顷，风景林地 1 762.01 公顷。常州市人均公共绿地仅 0.054 平方米，南通市仅有 0.04 平方米。④

在三年国民经济恢复时期（1949—1952 年），各市积极整修原有公园和绿地，特别是 1952 年 10 月 29 日毛泽东主席亲临徐州，登上云龙山，做了"绿化荒山，变穷山为富山"的指示后，群众性绿化热潮在城乡蓬勃掀起，绿化面貌开始有了起色。⑤

新中国成立以后，"绿化""绿化建设""城市绿地系统规划"等名词与概念从苏联引进，江苏省城市园林绿化被明确地作为一个"系统"来规划和建设。江苏省城市园林绿地系统发展大致可分为三个阶段。

2.4.1 以苏联城市绿化规划建设理论为主导理论阶段（50—70 年代后期）

由苏联引入的城市绿化的卫生防护功能和文化休息公园理论，在当时的历史条件下成为江苏省城市绿地系统和公园规划的主导理论。随着新中国成立后全国第一轮城市总体规划编制工作的展开，在这个理论指导下的城市绿化规划在江苏省各市全面进行。系统构架、绿地分类、各类绿地比例与布局、指标体系等定性定量的科学手段，使各市城市绿化建设发生了质的跃变，进入一个崭新的阶段。

1953 年起，南京市陆续辟建了绣球公园、太平公园、和平公园、西流湾公园、午朝门公园等，整修了栖霞山公园、瞻园、清凉山公园、九华山公园及燕子矶头台洞、二台洞、三台洞，基本形成全市公园网络，使每个区至少有一个公园。1957 年起，南京市结合干道拓宽和开辟新路工程，先后建成 14 条林荫道——中山南路、北京东路、北京西路、中央路、御道街、太平北路、进香河路、广州路、长乐路、滨江路等，又结合秦淮河、护城河、金川河的河道整治疏浚工程，建立滨河绿化带，为全市带状绿化框架和"绿色隧道"的形成奠定了扎实的基础。与此同时，在中山陵、雨花台、幕府山、覆舟山等处大力营造风景林地，使全市风景林面积由新中国成立初期的 1 762 公顷扩大至

3 363 公顷，在城市近郊形成蔚然可观的风景林地。至 1965 年，南京市全市绿地总面积已发展到 6 183.9 公顷，较新中国成立时增加 2.1 倍。其中：公园 305 公顷，较新中国成立时增加 3.4 倍；风景林 3 458 公顷；行道树 20 余万株，较新中国成立时增加约 100 倍，形成 15 条林荫道、684 公里长街巷和 40 公里长河道绿化带；单位附属绿地 2 000 公顷；生产绿地 420 公顷。一个点、线、面相结合，以面为基础，线带纵横全市，大、中、小级配有序的城市园林绿地体系已基本形成。⑥

徐州市从 1953 年起，先后在九里山、云龙山、泰山、马棚山、大山、杨山、洞山等城郊山峦绿化造林计 240 多公顷，为建立绿地体系中的风景林地奠定了良好的基础。在市内开辟了淮海路、彭城路、中山路、王陵路、海郑路、津浦路、崇文路、铜沛路等道路绿带，沿奎河、黄河故道开辟了滨河绿带。修建了快哉亭公园，新建了面积为 24 公顷的云龙公园。徐州市城市绿地系统的基本构架初具面貌。⑦

其他城市在抓规划的同时，也狠抓绿化建设，取得了较大的成绩。但是，时代在前进，上述单一地照搬照抄苏联的理论暴露出不合中国国情和程式僵化等缺陷。囿于历史原因，规划理论没有显著的突破性的进展，因而绿化建设速度不论是快还是慢，就总体而言，水平不高。

2.4.2 以生态学理论为主导理论阶段（80 年代）

20 世纪 70 年代是人类对环境觉悟的时代，80 年代以来，保护生物多样性又成为自然保护最令人关注的目标。生态学的崛起、发展，对江苏城市绿化建设产生了极其深刻的影响。江苏绿地系统规划的理论、实践源自以下深刻背景：1972 年，联合国在瑞典斯德哥尔摩召开了第一次世界环境大会，会上发表了著名的《人类环境宣言》。该宣言要求"人们携起手来，保护人类共同的财富——地球"。1976 年，联合国又在加拿大温哥华召开了第一次人类住区大会，并通过了《温哥华人类住区宣言》。环境保护成为全球普遍关注的热点之一，从环境保护角度出发，以生态平衡理论来指导城市绿地系统规划和建设成为新动态、新趋势，并迅速取得了主导地位。80 年代初，全民义务植树运动的兴起，更使学术界及广大人民群众对城市绿地系统的要求已从原先的卫生防护、文化休息发展到要以生态学的整体观点着眼，建立功能上全面、经济上合理、生态上稳定的城市绿化系统，并强调为建立完善的新的生态平衡关系，可冲破城市建成区的界限，以求规划的宏观、合理、科学。

1982 年，国家城乡建设环境保护部颁布《城市园林绿化管理暂行条例》，对城市园林绿地系统规划做出明确的规定。随着全国第二轮城市总体规划编制工作的展开，江苏省按联合国环境大会精神和建设部条例规定，相继制定和颁布了《江苏省城市绿地系统规划编制内容的规定》《江苏省城市绿地系统规划编制审批程序》等法规性文件，对在新形势下以新的理论规范化地编制城市绿地系统规划，积极指导和发展城市绿化建设起到了极大的促进作用。1986 年，淮阴市城市绿地系统规划作为江苏省建委的试点，率先编制完成，并经省建委组织专家论证通过。这个规划突破城市建成区、规划区界限，把绿地系统规划扩展到城郊接合部的范围，把市郊果园、菜园、基本农田全部组织到系统规划中，用以改善城市环境。之后，全省所有的设区的市和部分县级市的城市绿地系统规划编制工作均按此要求如火如荼进行，同时，园林绿化建设也得到了大规模的发展。

南京市在系统规划的指导下，坚持"普遍绿化，重点提高"的方针，充分利用山、水、城、林相结合的自然风貌和深厚的历史文化底蕴，建设具有地方特色和较高艺术造诣的园林绿地。[⑧]为实现"城中千顷绿，城外千山翠"做了大量的工作，取得了显著的成绩。省内其他城市，如无锡、淮阴、常州等市的园林绿地系统建设也得到了长足的进步。

由于主导理论的转换，这一阶段的城市绿地系统规划与建设的主要特点有："系统"概念被进一步确认并得到重视；系统模式不再是程式化，而趋向多元化；植物造景被普遍运用于园林绿地之中；在园林绿地规划与建设中开始引入植物生态、群落学等理论。

2.4.3 以可持续发展理论为主导理论阶段（90 年代）

1987 年，联合国世界环境与发展委员会发表《我们共同的未来》的报告，报告第一次提出"可持续发展"概念。1992 年 6 月，联合国在巴西里约热内卢举行了"世界环境与发展大会"，通过《里约宣言》《21 世纪议程》和《生物多样性保护公约》，"可持续发展"已从理论进入行动。1992 年，建设部将"改善城市生态，组成城市良性的气流循环，促使物种多样性趋于丰富""城市热岛效应缓解"列入《园林城市评选标准》。为此，江苏省城市绿地系统作为城市可持续发展的重要组成和生物多样性保护的主要载体之一，它的规划、建设的主导理论也上升到了可持续发展行动阶段。为保证上述思想得以贯彻实施，省建委迅速起草了《江苏省城市绿地系统规划编制纲要》初稿，征求各地意见，并多次召开园林城市研讨会，研究新理论指导下的江苏城市绿化建设。

继 1992 年 5 月国务院颁布《城市绿化条例》之后，江苏省于同年

10月颁布了《江苏省城市绿化管理条例》。在此期间，正值江苏省各市城市总体规划普遍组织修编，各市城市绿地系统规划也得以在新的主导理论及纲要初稿的指导下得到进一步的完善和提高。

江苏省设区的市和县级市城市绿化植树量每年保持在数百万株甚至近两千万株的水平。在1979年2月23日第五届全国人大常务委员会第六次会议决定每年3月12日为我国植树节和1981年12月13日第五届全国人民代表大会第四次会议关于开展全民义务植树运动的决议之后，城市绿化得到迅速发展。90年代前期，每年植树量保持在430.7万~519万株。在此期间，特别重视常绿乔木、花灌木的栽植，对改善城市生态和环境起到了显著作用。截至1994年，江苏省主要城市园林绿地面积（全社会）达到33 089公顷，其中，公共绿地面积6 124公顷。绿化覆盖面积47 155公顷，其中，建成区内的为34 728公顷。公园数发展到241个，面积达5 396公顷，按城市总人口（非农业人口）计算，平均每人占有公园面积5.41平方米。年游人量超过6 600万人次。风景名胜事业也获得长足发展，共有国家级、省级、市（县）级风景名胜区19个，仅4个国家重点风景名胜区的年游人量就达到4 063万人次。其中，南京市城市园林绿地面积已达9 253公顷，公共绿地1 524公顷，人均公共绿地6.97平方米，绿化覆盖率达39.37%，公园40个。扬州市城市园林绿地总面积达2 510公顷，公共绿地249公顷，人均公共绿地3.4平方米，绿化覆盖率达30.1%。无锡市城市绿地总面积达2 279公顷，公共绿地565公顷，人均公共绿地6.5平方米，绿化覆盖率31.6%；道路绿化总长度185公里，街头绿地和小游园160多座，生产防护绿地194公顷，郊区绿化覆盖率38.91%。⑨

这一阶段，江苏省城市园林绿地系统规划与建设的主要特点有：系统引进区域概念向市域范围扩展,"大生态"概念确立,市域生态敏感区(包括市域范围内基本农田、森林果园、风景名胜区、水面等)、小城镇绿化、河流、道路、铁路等交通网络绿化全部组织到系统内部来;城市森林及乔、灌、藤、草、花组合的城市园林植物生态群落及风景美学在系统中被应用;增量提质已成为明确的目标。

2.5 各主要城市绿地系统布局

2.5.1 南京市

南京城市总体规划将其所辖范围分为市域、都市圈、主城三个空间层次,其绿地系统布局充分利用南京独特的自然格局,结合三个空间层次,以主城绿地系统为核心,以都市圈绿色生态防护网为基础,以道路、水系、山岭绿带相穿插、相连接,形成城乡一体、内外环抱、相互交融、经络全市、外楔于内的绿色生态系统。

主城绿地系统规划以使主城成为环境优美的园林化城市为目标,着重突出山、水、城、林交融一体有历史文化内涵的特色。结合历史文化名城保护,规划以钟山风景区、石城风景区、长江风貌区、雨花台纪念风景区、秦淮风光带为主体,以明城墙串联各风景名胜区及沿城墙、城河各个公园形成南京特色的环城公园。以风景区为主体,以与居民接近的景多面广的中小公园、街头绿地以及居住区绿地、单位附属绿地为基础,以纵横分布的滨河、滨江绿地、道路绿化、防护林带为纽带,形成主城点、线、面、边相结合的绿地系统。

都市圈生态防护网由植被层、水体及开敞空间构成。山、水、田、林相嵌的自然地理环境与人文景观，为都市圈生态防护网的建立提供了良好的条件。规划将城镇之间的山林、水体、农田、人工防护林带作为生态主骨架，以主城为核心的对外放射交通走廊、河道绿化带为楔形连接体，形成对主城及外围城镇、城市化新区不同尺度的绿色包围圈，并以楔形方式将城镇外围的生态主骨架与城镇内部的生态次骨架相衔接，形成完整的生态防护网架。

江南的生态主骨架由牛首山、祖堂山、青龙山、大连山、紫金山、仙鹤观山、栖霞山、乌龙山、宝华山、秦淮新河、九乡河等组成。江北的生态主骨架由老山、龙王山、朱家山河、滁河以及大片农田组成。八卦洲位于江北化工区、主城和六合瓜埠可能形成的新化工区之间，因其特殊的位置，其大面积完整的自然植被条件，是保护主城环境质量的重要缓冲地带和净化空间，规划以绿色空间为主。

市域绿化空间的楔形连接体由沿秦淮河、宁尧、宁杭、沪宁、宁镇等交通走廊绿化带组成，其内容包括绿化各沿线的山林田地。江北的楔形连接体以沿312国道、浦乌公路交通走廊、浦泗路、津浦铁路交通走廊、热电厂高压线走廊、104国道绿化带和滁河的绿化带组成。这些绿带内连主城、都市圈，外接六合金牛风景区、溧水天生桥、无想寺风景区及固城湖风景区。[10]

2.5.2 无锡市

无锡市位于太湖之滨，运河穿城而过，惠山、锡山等山岭耸立于城中，是一座山水相依的城市。绿地系统总的构想为：先见绿色后见城，楔形绿地引入城，环状绿带萦绕城，绿山绿水绿满城，建设园林旅游城。

绿地系统布局以四环防护绿带和风景区为外围大环境绿化圈，楔形绿地从主导风向内楔入城，以内环绿带和城市文物、绿化轴为核心，公共绿地、单位附属绿地、生产防护绿地并重，以道路绿地和滨河绿地为网络，以公路绿地为纽带，联系郊县农田防护林网，组成"一圈""二心""三并重""四环""八带"，山河林路交融，市郊县乡串联、城乡一体化、生态型的城市绿地系统。

"一圈"：以东部沪宁铁路、新长铁路宜澄段两侧各 20 米铁路隔音防护林带，沪宁高速公路和锡张快速干道两侧各 30 米环境保护带，北部金匮东路、四环路、钱皋北路、运二路靠城市内侧 20 米及外侧 50 米防护绿地，西部 4 个景区的 6 666.7 公顷山林绿化，东南部金城公园和高压线走廊绿地是两块大型楔形绿地，共同组成外围大环境绿化圈。

"二心"：一是以内环绿带即解放路绿带为核心，二是以城市文物、绿化轴即京杭大运河，包括新老运河为核心。

"三并重"：以公共绿地、防护绿地、单位附属绿地三方面并重，规划公共绿地 1 001 公顷，规划生产防护绿地 464.63 公顷，规划单位附属绿地在园林绿地系统中占 60% ~ 70%。

"四环"：指道路绿化，按七片道路网规划进行，4 条环路，形成四环绿地。

"八带"：指 8 条对外公路——苏锡、锡沙、锡澄、锡沪、锡宜、锡常、锡甘、锡藕路两侧各 15 米公路防护林。[11]

2.5.3 南通市

南通市濒临长江，且江滨有狼山、黄泥山、军山、剑山、马鞍山等构成的沿江风光带，市区有濠河及其水系所构成的河滨自然环境，形成市中心有开放式濠河环状公园，西南有沿江的滨江绿色走廊以及狼山风景名胜区的山水风光相结合，兼顾一城（城区）、一区（开发区）、三镇的绿化与城市空间融为一体的绿地系统。其布局以濠河环状公园三个片区及其中心五公园（东、南、西、北、中公园）为一体，以狼山风景名胜区及滨河公园、古淡园、森林公园、烈士陵园、乐园5个公园为另一主体，块状绿地作散点式穿插，利用水系、道路绿带串联，形成环、块、条相互结合的三维绿色空间。⑫

2.5.4 盐城市

地处淮河平原的盐城市，又称"瓢城"。横贯市区，东西长约12公里的"绿轴"——新洋港与纵贯市区南北的串场河呈十字交叉，左右长近10公里，像两翼一样展开，这是"绿翼"；市区中部约5平方公里的繁华商业区、生活区被小洋河、串场河、新洋港围成一个"绿心"（在"绿轴"的东部，100公顷的大洋湾森林公园和人民路、解放路等10余条道路绿化形成绿网）人民公园、毓龙公园等数十处大、中、小公共绿地如同美丽斑点镶嵌其间，形成"绿心、绿翼、绿轴"，组成点线面相结合的网状楔形结构。⑬

2.5.5 连云港市

海滨城市连云港，根据其"一市双城"的城市形态，针对两个地区不同特点，采取不同的布局形式。

新海地区是全市政治、经济、文化中心，根据山体、河流、湖泊所形成的地形地貌，形成山（锦屏山景区）、路（街道、环路）、河（西盐河、龙尾河、玉遏河、东盐河）、点（公园、广场、游园、绿地）

相结合的总体布局，充分利用城市四周的河流、公路干道建设防护林带，形成城乡绿地一体化的格局。

连云港地区为城市副中心，绿地系统布局以山海为依托，河流道路为骨架，公园、绿地为点缀，以小游园及街头绿地建设为重点，形成点、线、面相结合，山、海、城、路、园相统一，以充分体现"海滨城"的特色。[14]

2.5.6 常州市

常州市以见空插绿、成片绿化为指导思想，增加主城区绿地面积，重点搞好新城区绿化建设，在布局上考虑在城与区之间、区与区之间，特别是居住区与居住区之间，留出集中绿地，建立贯穿整个城市的绿化休闲带，把城外绿地与市中心绿地相连形成楔形绿地，充分利用河流、道路建立滨河绿带和园林路，形成三纵三横开敞空间带加两个绿环的布局。三纵即三条南北向绿化轴（东环路与三新路两侧及其延伸、西环二路与江边铁路支线之间、西环三路与德胜河之间），三横即三条东西向绿色生态防护带（滨江工业区与新龙组团之间、沪宁高速公路两侧、主城区与武进新城之间），两个绿环即外环路两侧 50 米绿化带，内环路建设成园林路，并和各组团公园绿地组成大、中、小并举，点、线、面结合，内外相连，环境优美的生态环境良好的城市。

2.5.7 扬州市

扬州市绿地系统以历史文化名城为特色，以名胜古迹为依托，综合城河水系，组织河道纵横的风景游览网络，形成滨河绿带环绕的绿化系统。将全市园林绿地规划成 3 个环状绿带：①内环带，以市内的北城河、古运河、二道河、树人苑等绿地为主形成第一圈绿色环带；②北部蜀冈—瘦西湖风景名胜区、高压线绿色走廊、铁路沿线防护林带以及平山茶场，形成西有瘦西湖、里下河农科所果园、山河林场，东有大运河沿岸绿带、凤凰林场，南有横沟河的近郊绿色环带；③外围绿环，东北远郊的邵伯湖水系和槐泗风光带，南有长江沿岸及瓜洲闸防护林带，西有仪征白羊山大片绿色森林以及广大农田防护林带，以构成以大型水体为主的绿色大环境。

2.5.8 徐州市

徐州市绿地系统布局以山体为骨架，以河流道路为网络，以专群绿化为依托，以公园、街头绿地为点缀，形成点、线、面、边相结合的城乡一体化格局，发挥"古彭山水"的特色，充分利用山体河流、湖泊的地形地貌特色和丰富的自然人文景观，处理好各类绿地比例，做到均衡分布，级配合理，形成一区（云龙山风景名胜区）、一环（三环路绿带）、二带（运河、故黄河绿带）、三片（九里山、杨山、拖龙山山林绿地）、四线（向四周辐射的城市出入口道路绿化）、多点（中心区多点广场绿地和街头绿地）的网状格局。

2.5.9 苏州市

苏州城市总体规划根据自然地形、气候条件和城市形态及工业、交通布局，形成占城居中、东西展翅、南北贯通、四角山水的城市布局形式。城市绿地系统布局，形成六区三环二带结合城市四角的楔形风景绿地，形成环状加楔形绿地的点、线、面相结合的"城中园、园中城"的绿地系统。六区：中央古城区、河西新区、浒吴新区、苏州工

业园区、城南吴县市区及城北新区。三环：古城区的古城墙，外城河的
内环；东环路东、南环路南、西大运河、北部 312 国道组成的中环；东
金鸡湖、独墅湖畔、南大运河、西外环路及北部沪宁高速公路组成的
外环。二带：沪宁城北交通带和城西、城南京杭大运河。

　　点、线、面：点为公共绿地中的古典园林、名胜古迹、公园绿地及
风景点；线为铁路、公路、运河、河流、城墙、河道绿化风景园林道路
及防护绿地；面为居住区、文教区、工业区、公共建筑区的绿地及生产
绿地。

　　楔形风景绿地：东北角为阳澄湖及其周围绿化用地；东南角为独墅
湖、澄湖等绿化用地；西南角为石湖风景区；西北角为虎丘山及阳山、
真山等绿化用地。西部以木渎景区中的灵岩山、天平山等形成整个苏
州市的山林绿化的屏障。东部则依阳澄湖、金鸡湖、独墅湖，湖滨绿
地构成一天然的依山傍水的山水地理环境。

　　"城中园"在古城区中保护、恢复建设城墙绿地和园林名胜，搬迁
工厂，扩大绿地面积，体现园林城的历史特点。"园中城"在规划分
区内，建设各种类型绿地，周围郊区发展山水秀丽的风景绿地，体现
"园中城"的新特色。⑮

【注释】

① 江苏省地方志编纂委员会.江苏省志·风景园林志[M].南京：江苏古籍出版社，2000：20.

② 钟业喜.城市空间格局可达性研究：以江苏为案例[M].南京：东南大学出版社，2012：178.

③ 钟业喜.城市空间格局可达性研究：以江苏为案例 [M].南京：东南大学出版社，2012：23.

④ 江苏省地方志编纂委员会.江苏省志·风景园林志 [M].南京：江苏古籍出版社，2000：32.

⑤ 江苏省地方志编纂委员会.江苏省志·风景园林志 [M].南京：江苏古籍出版社，2000：143.

⑥ 南京市人民政府研究室.南京经济史 [M].北京：中国农业科技出版社，1998：156.

⑦ 江苏省统计局.江苏统计年鉴（1980—2000）[M].北京：中国统计出版社，1980—2000.

⑧ 南京市人民政府研究室.南京经济史 [M].北京：中国农业科技出版社，1998：18.

⑨ 南京市人民政府办公厅.石城辉煌 [M].南京：南京出版社，2008：232.

⑩ 南京编委会.南京 [M].北京：当代中国出版社，2011：192.

⑪ 无锡编委会.无锡 [M].北京：当代中国出版社，2011：132.

⑫ 南通编委会.南通 [M].北京：当代中国出版社，2011：143.

⑬《盐城》课题组.盐城 [M].北京：当代中国出版社，2010：35.

⑭ 连云港编委会.连云港 [M].北京：当代中国出版社，2012：72.

⑮ 苏州编委会.苏州 [M].北京：当代中国出版社，2012：178.

第 **3** 章

当代
江苏城市化进程中的
景观设计

几百年以来，关于景观设计的研究经历了一个不断发展的过程，它对当代景观的形成与拓展具有深远的影响。景观设计在经历了古典主义的唯美论、工业时代的人本论之后，在后工业时代迎来了景观设计的多元理论。20 世纪是一个"多主义"的时期，哲学、美学以及艺术思潮直接或间接影响着当代景观设计理念，景观设计师们受到不同思潮的影响，他们始终在不懈地探索有别于传统的设计途径，由此带来景观设计领域的繁荣景象。

1980 年起，我国开始推行城镇化进程。在此进程中逐渐呈现城市化和现代化发展倾向，各种新的问题在政治、道德、文化、艺术等各个领域、各个层面表现出来。这使得江苏社会的文化氛围和思维逻辑产生了巨大的变化。城市化的理念极大地丰富了景观设计的发展格局，使景观设计显现出一种无限开放的姿态。社会环境的变化引起了当代景观设计师的关注和反思，通过他们的实践，展现出"挪移""再现""拼接""创新"种种景观设计观，受此启发开始产生对更为广阔的非传统意义上的景观领域的探索倾向。城市化进程中的景观设计所经历的种种起伏与波动无疑有各种文化艺术观念参与其中，推波助澜。在这一章，我们将对与人的心理行为、自然风貌、历史文脉、文化环境有关的江苏城市化进程中景观设计的一些特点及彼此的互相关系做详细的阐述。

3.1 心理行为与景观设计

1917 年，杜尚恶作剧式地把一个命名为《泉》的白瓷小便器作为作品送去美展，并且宣布：艺术的最终目的是表达观念，而不是用艺术技法制作的成品。这不仅引发了艺术界最为强烈的地震，也为后来观念艺术的产生埋下了伏笔。1961 年，美国音乐家亨利·弗林特（Henry Flynt）在《随笔：概念艺术》中率先使用了"观念艺术"一词。他认为，声音是音乐的物质构成，同样道理，艺术的视觉含义依赖于文字，"观念艺术是以文字为材料的艺术"。[①]1967 年，观念艺术家苏尔·列维（Sol Lewitt）发表了《论概念艺术》，标志着"观念艺术"已经形成一种艺术流派。观念主义之所以能够形成，除了杜尚迈出了关键的一步，还有赖于其他的学科理论，特别是心理学的帮助和推动。

3.1.1 观念与体验的心里延伸

纵观西方艺术史，它的发展主要分为三个阶段：18 世纪之前，古典艺术中最重要的是结构要像数学一样清晰明确，任何事物的表达都要遵循形式美法则，重视理性而忽视感情。它致力于精准地再现自然，以"自然美"为美学特质。19 世纪，现代艺术以抽象的形式摆脱了传统透视习惯，打破了自然主义的框架，赋予艺术一种新的秩序。它从原来的再现客体开始向表现主体转变，不断地追求自身的纯粹性，以"艺术美"为美学特质。20 世纪之后，以观念艺术为代表的当代艺术直接放弃了一切形象化和具体化的艺术行为，艺术只剩下了对艺术行为的语言记载，观念艺术的命题是：观念或系统比作品本身更为重要，并最终取代了作品。[②] 德国艺术家约瑟夫·博伊斯（Joseph Beuys）曾经宣称："人人都是艺术家，一旦与他们相应的自由创作活力被激发并彰显出来，他们固有的艺术癖好就会使无论何种媒介都转变为艺术作品。"[③] 他的观点的核心，实际上就是人本主义心理学的艺术体验。艺术体验作为一种精神手段，它能使人们在观念层面上改变自己的生活，把日常生活中毫无意义的、无趣的和不幸的体验转变成有意义的、有意味的和创造性的体验。艺术体验能使人超越自己的日常意识，超越个体生命的有限性和暂时性，从而认识到存在的本质和生活的真谛。④

马克思（Karl Heinrich Marx）说过，社会存在决定社会意识，经济基础决定上层建筑。所以无论何种艺术形式，其所反映和表现的都是当时社会变化给人们带来的社会心理特征，观念艺术也不例外。它兴盛于20世纪60年代，正是新旧各种矛盾的思想观点进行交锋的时期，这种交锋以广泛的革命的姿态出现在世人面前：非洲各殖民地国家纷纷独立，而与之对应的却是柏林墙把德国一分为二；美国国内民权运动的不断胜利，而在越南战争中却节节败退；卡尔森以《寂静的春天》在美国率先撒下了"环保"的思想之种，而与之对应的却是发展中国家开始大力推广在农业领域应用农药。

在这种挑战权威和反叛传统的环境土壤中滋生出的观念艺术也明显具有艺术心理学的特征。

首先，它表达对于社会与政治的想法。作为观念艺术的代表人物，德国艺术家约瑟夫·博伊斯在第二次世界大战中曾经是德国的空军飞行员，在一次飞行任务中被苏军击落，幸运的是他被西伯利亚的鞑靼人发现，并用油脂、毛毡和奶制品等挽救了他的性命，而油脂、毛毡和动物等也成为他以后创作的主要材料。博伊斯认为，暴力是一切罪恶的根源，他反对以暴力去争取和平。而艺术则被他认为具有革命潜力，艺术创新是促进社会复兴的无害的乌托邦。博伊斯试图用艺术去重建一种信仰，重建人与人、人与物以及人与自然的亲和关系。博伊斯的代表作品《油脂椅》用动物油脂堆积倚靠在一张普通的椅子上"装配"而成：椅子是躯体或人的隐喻，而冰冷的油脂可以转换成无穷的能量。他的观念是油脂贴在人体情欲所在的地方，可以驱除物质的冰冷，恢复人间的温暖。作品诱发了人类对战争悲怆的回忆和对生命脆弱莫大的同情，油脂已超出它的现实意义，寄寓了艺术家某种敬畏的情绪和宗教化信念。⑤

观念艺术家就战争、性别、阶级、政治、历史、大众文化、环境保护等各种方面的问题发表自己的看法，他们的实践活动就像一个由各种文化折射而成的万花筒一样，打破了前卫与低劣、传统与现代、中心与边缘、严肃文化与通俗文化等相互对立的概念体系，变得混杂而折中。观念艺术家认为，观念是作品中最重要的核心，艺术活动不仅仅限于形与色的框架，而且还应该依照艺术的总体概念，并进一步探究一切艺术主张的功能、含义和应用。

其次，它表达对于哲学的思考。约瑟夫·科苏斯（Joseph Kosuth）在 1965 年创作的《一把和三把椅子》表达了如何把艺术的视觉形式直接向观念过渡的思路。这个作品是由一把真实的椅子、这把椅子的照片、一段从字典上摘录下来的对"椅子"这一词语的定义三部分构成。科苏斯提供了关于这把椅子从客体到主体的全部可能性，并以此探讨文字、现实和图像三者之间的关系。他想要表达的意义是：椅子（实物）这一客观物体可以被摄影或者绘画再现出来，成为一种"幻象"（椅子的照片），但无论是实物的椅子还是通过艺术手段再现出来的椅子的"幻象"，都导向一个最终的概念——观念的椅子（文字对椅子的定义）。椅子所体现的三个部分的形态，就是艺术形式和艺术功能关系的形象的图解。以实物为依据的图像最终是为了给人提供一种观念，艺术品提供的观念才是艺术的本质。当艺术家想在根本上抓住艺术的本质时，他完全可以抛弃艺术的形式部分，直接去抓住观念的部分。根

据这种逻辑，对可视的形的轻视和对内在的信息、观念和意蕴的重视就成了观念艺术的核心。（图3.1）

　　最后，它表达艺术自省的观念。劳伦斯·维纳1988年创作的《以手形成的硫磺与火的空间》是他的代表作之一，英文"Fire and Brimstone Set in a Hollow Formed by Hand"和标题相同的文字用巨大的无装饰大写字母画在画廊的后墙上。然而，作品的重心不在于字母的形式，甚至也不在于它们同空间的关系，这些都是审美上的特点。句子本身以及它在观众脑海中产生回想和思考的方式，这才是作者的意蕴所在。作品包含着这样的意思：文字并没有绝对确定的含义，他们甚

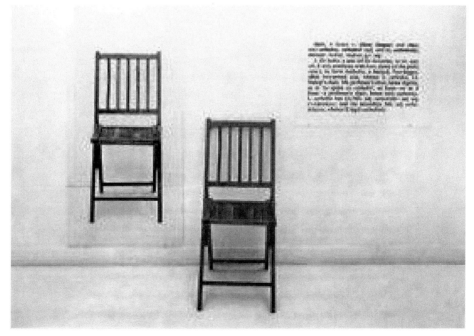

图3.1　一把和三把椅子，约瑟夫·科苏斯，1965

图片来源：马永健.后现代主义艺术20讲[M].上海：上海社会科学院出版社，2006.

至不构成完整的句子。他们可能是一首诗（是文学作品而不是艺术作品）的一部分，是从文中节录下来的。维纳似乎是在告诉我们，我们现在已经习惯于日常使用的语言，因而对于"单词"会产生一种近乎条件反射的反应。在此意义上，单词与其所指代的事物是可以互换的。这一作品用"火"这个特殊的单词将这一司空见惯的、人们已经忽视的现象内部所存在的冲突与矛盾揭示了出来。（图 3.2）

在观念艺术家看来，艺术主张的合法性并不依赖于对事物的属性进行经验主义的预想，更不取决于对事物属性的美学预想。艺术家关注的不是材料与形式，而是其背后的观念和意义。因此，他只关心与

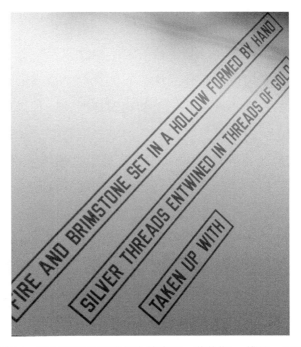

图 3.2　以手形成的硫磺与火的空间，劳伦斯·维纳，1988

图片来源：王受之．世界当代艺术史 [M]．北京：中国青年出版社，2005．

方法有关的两点内容：首先，哪一种艺术对于观念的发展有所帮助；其次，如何才能使他的主张与发展相互契合。

总而言之，观念艺术的人本心理学体验是对形式主义和传统审美趣味的破除，使艺术的支点由形式转向表述的事物，而不是描述实在物体或精神物体的行为；它们表达艺术的观念或者艺术观念所产生的正式结果，十分注重自身的思考维度，并以观念的状态来面对世界。观念艺术使艺术与传统的展示环境、存在方式以及欣赏、占有方式相脱离，并且通过这些艺术形式将艺术创作、表现、接受、批评集于一身，将艺术、生活、作者、观众融为一体。

3.1.2 观念艺术的景观心理实验

当代艺术家不仅仅在反叛传统的艺术概念以及突破传统的艺术体制上下功夫，更多考虑的是作品所具有的社会学或者心理学意义。这使得观念艺术的意义不断扩大，正如柯索斯所说，杜尚以后的所有美术都是观念的，因为美术只是以观念的方式而存在，从艺术追求观念方式上讲，大地艺术、偶发艺术、表演艺术、身体艺术、行为艺术、装置艺术等都可以归入观念艺术的范畴。由此，观念艺术突破了艺术所固有的所有界限，艺术的形式和意义就比任何时候都更为泛化。

观念艺术的非物质化概念对整个艺术领域的震动是巨大的，其直接的结果便是迫使艺术家们更为深入地思考艺术作为一种非物质化形态的多种可能性。就景观领域而言，虽然没有艺术和建筑的先锋性，没有自己的挑战宣言，也没有像建筑那样受到种种责难，但是作为一种思维观念的革新和一种强大的文化冲击，观念艺术的质疑对其所产生的影响和反思亦是巨大的，这是艺术的生命力泛化过程的必然。玛莎·施瓦茨在接受访谈时说道："当我学习景观设计时，就发现这个行业侧重于传授有关技能、传统以及高品质材料应用方面的知识。我认为其对技术及材料的重视过多，而对设计思想方面的关注或兴趣太少。在艺术领域，观念是设计的核心，而在景观设计领域则是功能占据核心地位。"⑥景观设计师们逐渐意识到在现代工业社会，理性已经物化为科学技术，变成了实用目的的手段和奴役人的工具。理性把主体和客体割裂开来、对立起来，一味强调人对自然的占有、改造和征服，使人和自然处于敌对状态。现代工业文明和技术理性的发展严重地压制了人的诗性和感受力，人们丧失了体验的能力，甚至差一点丧失了对体验之必要性的认识。因此，观念和体验的成分在景观设计创作领域中正在逐步加重，其结果往往产生某种带有强烈风格特征的艺术实验。

观念艺术的景观虽然受到艺术思潮的影响，但就具体的景观项目而言，作为一项社会性的活动，它还受制于整个社会政治、经济、科技等各个领域的发展，这也是促成艺术和景观设计思想发生变化的共同基础。

自从 20 世纪 80 年代晚期以来，全球经济发展和新技术的影响，特别是移动设施、交流设施和新媒体完全重构了世界。全球化的力量模糊了国家的边界，增强了城市的融合，增加了社会环境和景观的新压力，将社会分裂为无数的子文化。就这些方面，社会学家乌尔里希·贝克（Ulrich Beck）写道：西方面临着挑战它的社会和政治系统的基本前提的问题。现在我们面临的关键问题是，西方所标榜的资本主义和民主之间的历史共生体是否能够在不损失它的物质、文化和社会基础的情况下得到全球化的普及。

当代景观艺术的实践显现观念艺术心理学的特征，表现为已不满足于单纯地建立在对环境的视觉化表象传达，更多地希望阐述一个概念的意义和唤起人们对当下人类生存环境现状的思考。与时代同步的生活方式的转变也对人们的精神需求和公众广泛参与的民主化社会形态提出符合当代的表述形式。从当代景观的发展趋势来看，解决当前社会形态下环境与美学和生态的关系成为主要方向，如何营造符合生态需要和可持续发展，并能在艺术体验上给人以全新感受的新景观成为当代景观的主流。

3.1.3 哈格里夫斯——对美的心理探求的观念设计

马斯洛（Abraham H. Maslow）认为，艺术体验就是一种高峰体验。处于高峰体验中的人想象更丰富、更有诗意、有着更敏锐的审美直觉，"真正的人正因为他是真正的人而可以变得更像诗人、艺术家、音乐家和先知"。[⑦]哈佛大学风景园林系教授乔治·哈格里夫斯（George Hargreaves）被称为"风景过程的诗人"。他的艺术创造性除了表现在艺术作品上，还存在于他创作前及创作中的体验时期。他把对事物的感悟通过想象的方式，把自身置于体验对象的位置去设身处地地体察和领悟，从而获得超越自身经验的新体验。哈格里夫斯艺术体验的创造性，可以概述为三个阶段——各美其美、美人之美、美美与共。

哈格里夫斯对景观体验的第一个阶段与他青少年时代的游历生活有着紧密的联系。在一次攀登洛基山脉国家公园的一座高峰的过程中，他偶然看到一些美丽的、纤弱的小花穿透初夏的积雪在山上粲然绽放，于是突然感悟到一种类似于爱默生的"位于恐惧边缘的愉快"和与自然融为一体的兴奋，产生"一种思想、身体和景观联系在一起的奇异的感觉"。⑧哈格里夫斯发现通过自然的美可以召唤出作为真正人的感性，他感到只有艺术才能彻底解放他的感性。于是，在他叔叔的引导下，哈格里夫斯开始了景观设计专业的学习。

第二个阶段是哈格里夫斯学习景观设计的过程。当他初次见到大地艺术家史密森（Robert Smithson）的作品时，就被大地艺术所表现出的力量所震撼。史密森的作品将景观概念当作一种理念，使哈格里夫斯产生一种"像灯塔般照耀在那些被设计的景观中焦枯的土地上的感觉"⑨，让他顿悟到时间、重力、侵蚀等自然的物质性与人的出现可以发生互动作用。他认识到文化对自然系统会产生潜在的伤害，而生态学的方法又无视文化从而远离人们的生活。因此，他致力于探索介于文化和生态两者之间的方法即以物质性为本，从基地的特定性去找寻风景过程的内涵，建立与人相关的框架，其结果是耐人寻味的和多样化的。哈格里夫斯把这种方法比喻为"建立过程，而不控制终端产品"。也就是说，他在基地上建立了一个舞台，让自然要素与人产生互动作用，哈格里夫斯称之为"环境剧场"。各种自然元素，如水、风的痕迹、乡土植物、野生花卉等都顺应基地自身生态系统特点的基础上，用艺术化的手段使之成为人们公共活动的空间。但他设计的景观是自然的而非自然状的，是对自然的提炼和升华。正如荷尔德林（Friedrich Hlderlin）所言："艺术家的眼光不是被动地接受和记录事物的印象，而是构造性的，并且只有靠着构造活动，我们才能发现自然事物的美。美感就是对各种形式的动态生命力的敏感性，而这种生命力只有靠我们自身中的一种相应的动态过程才有可能把握。"⑩

第三个阶段始于一次顿悟。1982年，当哈格里夫斯在夏威夷参加一次会议时，亲眼目睹了一次飓风的袭击。他认识到飓风那种可怕的

美丽与古典主义式的、神圣的、富有秩序感的美和如画式的、不规则
构图的美完全不同，那是一种与自然的创造力和破坏力相联系的美，
是一种与变化、无秩序相联系的美。他顿时产生了一个新的想法："为
什么静态的景观被认为是正常的？也许是该改变我们对美的概念的时
候了。"于是，哈格里夫斯开始创造一种全方位的、动态的、开放式的
景观构图，表达另外一种自然美的愿望。变化、分解、崩溃和无序成
为他景观表达的主要方向。艺术体验包含了体验和创造的过程，而两
者又是相互融通的。体验的过程同时是创造的过程，创造的过程同时
也是体验的过程。哈格里夫斯对自然的理解不单单是一种重建的过程，
同时也包含了他对自身体验的富有创造性的过程。

　　1983 年哈格里夫斯创立了哈格里夫斯设计事务所，开始了景观艺
术实践的新尝试，其代表作包括圣·何塞市中心广场公园、烛台角文
化公园、加州绿景园和拜斯比公园等。在这些设计中，哈格里夫斯将
基地与城市的历史和环境糅合在一起，使这些作品不仅具有生态主义的
特征，还具有更深层次的文化内涵、地域性和归属感，从而成为易于被
人们认同、接受的场所。在他的作品里，时常以一种动态的、开放的系
统来容纳自然的演变和发展的进程；用科学的生态过程分析，创作出既
合理又夸张的地表形式和植物布置模式。哈格里夫斯认为景观是一个人
与自然互动的舞台，它是公共生活的基础和背景，是与生活相关的艺术
品，是对大自然的动力性和神秘感的诠释，同时也是一个文化体验及艺
术形式相综合的产物。（图 3.3）

　　哈格里夫斯始终在不断思索景观艺术的新观念，而不是延续传统
的模式，从进化心理学的角度来看他的创作，并不是因为他拥有专门
用于创造观念景观的特殊适应器，而是因为他们拥有"能够从形状、

颜色、声音、笑话、故事和神话传说中获得愉悦"的进化心理机制。[11]

他将观念与自然、艺术体验与人类联系在一起，将自然的演变和发展的进程纳入开放的景观系统中，其中，既有"诗意"的成分，也有生态的成分；既有人文的成分，也有科学的成分，表现出很强的有机性、概念性，形成一种能够刺激大众心理机制的信息的设计风格，为当代景观设计带来了一股新风潮。

3.2 自然风貌与景观设计

美国哲学家乔治·桑塔耶纳说过："自然往往是我们的第二情人，她对我们的第一次失恋发出安慰。"[12] 城市是人化自然最彻底的地方，城市的发展史几乎就是一部人与自然的关系史。今天，自然和人类的冲突比任何时候都要广泛和尖锐。以有着"天下第一江山"美誉的镇江为例，如今它却面临着化工围城的困局。在 2003 年实施的《镇江市

图 3.3　拜斯比公园，哈格里夫斯，1988—1992 年

图片来源：成玉宁.现代景观设计理论与方法 [M].南京：东南大学出版社，2010.

沿江产业空间布局规划》中，排在前五位的产业是机械制造业、化工、造纸、电子、电力行业。众多制造业和重型化工企业围绕长江沿岸建设的现状，给长江航道内的生物多样性和水源安全造成了严峻挑战。以镇扬汽渡为分界线，向西13公里处的高资镇，正是镇江化工业最为集中的地方；向东走，便是位于征润州村的镇江市自来水取水口，在此附近有船舶保养厂、电碳厂、造船厂等有着潜在污染可能的重工业企业。2012年2月长江镇江段水道内发生的苯酚水污染事件曾一度让整座小城人心惶惶，超市的瓶装纯净水遭到抢购，有市民反映家养的金鱼在换水后全部一命呜呼。镇江的污染不是个案，在江南城市群的核心地区，从南京到苏州一线，沿岸布局的化工企业已经对长江造成了实际的围攻态势。中科院南京地理与湖泊研究所的研究结果表明，江苏省沿江生态功能保护区被制造业占去29%的面积，在制造业里，重化企业、金属冶炼、电子电器、造纸类又占此面积的近三分之一。生态环境的破坏恶果已经凸显，以长江三鲜之一的刀鱼为例，据来自中国水产科学研究院淡水渔业研究中心的一份资料显示，1973年长江沿岸江刀产量为3 750吨，1983年为370吨左右，如今的产量却已不足百吨。[13]素有"鱼米之乡"之称的江苏如今却已经很难找寻到这种当年袁枚在《随园食单》中大加褒奖的美味了。江苏的美离不开青山碧水，也离不开人与自然的"天人合一"。因此，从美学的角度重新审视江苏城市的自然价值观，在"实然"的基础上依循审美符号、审美形象、审美意蕴的深度模式构建江苏城市"应然"的自然环境审美意象，并找寻其达成的途径，无疑是当代江苏城市发展过程中的首要美学问题。

3.2.1 灵动的水

江苏跨江滨海，河湖众多。海岸线近 1 000 公里，长江和淮河自西向东穿越江苏境内，黄河也曾改道经过江苏，在苏北境内留下了黄河故道，京杭大运河则纵贯南北约 690 公里。中国五大淡水湖中，江苏占了两个——太湖和洪泽湖。江苏境内水网密布，有湖泊近 300 个，河道 2 900 余条。[14] 在历史演进的过程中，江苏这块秀美的土地，积淀了丰富的文化遗产，形成了特色鲜明的地域文化。如太湖水阳地区，人们依水而居，依水而生，空间意象表现为小桥流水、鱼米之乡，形成了精耕细作的生产方式和细巧精致的人文性格。吴良镛院士认为："江南地区自古天然水道发达，加以历代人民为水利、城建需要，因势利导，脉分镂刻，久之形成了水网密布的格局，这对本区发展经济文化，开展城市建设，以至形成具有地区特色的建筑文化，显然具有深刻而久远的影响。"[15]

郭熙在《林泉高致》中指出："水活物也，其形欲深静，欲柔滑，欲汪洋，欲回环，欲肥腻，欲喷薄，欲激射，欲多泉，欲远流，欲瀑布插天，欲溅扑入地，欲渔钓恰恰，欲草木欣欣，欲挟烟云而秀媚，欲照溪谷而光辉。"[16] 可见，水的审美特点可以是多样的。而江南的水体则充满了灵秀之气，《汉语大词典》对"灵气"的解释是"聪慧或秀美的气质"，这也正是江苏的水体和其他地区水体审美特征上最大的不同之处。从线性水体的角度而言，以黄河为代表的北方文明，特别是齐鲁文化如黄河之水一般大气磅礴，一泻千里，称得上"雄浑豪壮"；而长江，特别是到了长江中下游地区，随着长江水流量的减小和地势的趋缓，其孕育的江南文化就如长江中下游蜿蜒逶迤、青山环绕的水道一般，可谓"秀美聪慧"。再以江南地区水域的核心太湖为例，这种以"面"的形式存在的江南水体，一般以它们的岸线作为城市的边缘，以其广阔的面积，使城市空间有了更大的开放性。⑰太湖是我国第二大淡水湖，湖区号称有48岛、72峰，湖光山色，相映生辉，其不带雕琢的自然美，有"太湖天下秀"之称。今天的太湖水域主要在江南城市的典型代表苏州、无锡市内。在太湖的滋养下，苏州和无锡尽得水之灵气，无论是太湖本身还是太湖所在的江苏城市与其他地区相比"灵秀"的特点是一目了然的。以"点"的形式存在的江苏水体，也同样是充满了"灵气"的，譬如无锡的"惠山泉"，泉眼不大，隐在青山之间，汩汩而出，终年不绝，泉声似琴声般悦耳，明月初升之时，清泉月影，相映成趣，充满了灵秀之气，撩拨人们细腻的心弦，甚至可引起心中淡淡的哀伤，阿炳的一曲《二泉映月》正是恰到好处地表达了江苏之泉的意蕴，才得以广为流传。

江苏的水体还充满了"动态"的美，"问渠哪得清如许，为有源头活水来"，江苏水体的灵秀之气不是静止淤塞而是不断周转运动的。以"线"型水体为例，江苏城市中的河流大多是源于活水，归于活水的，其或绕城而过，或穿城而出，往往成为江苏城市的血脉。比如南京的母亲河——秦淮河，发源于句容宝华山和溧水的东庐山，在城外方山脚下合二为一，在东水关处又一分为二，一支为内秦淮由东向西横贯市区，一支为外秦淮环绕着城南逶迤而过，两支水脉在水西门处汇合，最终注入长江。历史上的秦淮河，特别是内秦淮曾繁盛至极，自六朝时成为名门望族聚居之地后便商贾云集、文人荟萃、儒学鼎盛；到明清时期，秦淮两岸更是金粉楼台、鳞次栉比、画舫凌波、桨声灯影构成一幅如梦如幻的美景奇观。当年朱自清、俞平伯同游十里秦淮，并撰写了两篇同名散文《桨声灯影里的秦淮河》发出"天之所以厚秦淮河，也正是天之所以厚我们了"的赞叹。如今经过修复的秦淮河风光带，以夫子庙为中心，秦淮河为纽带，包括瞻园、夫子庙、白鹭洲、中华门，以及从桃叶渡至镇淮桥一带的秦淮水上游船和沿河楼阁景观，可谓集古迹、园林、画舫、市街、楼阁和民俗民风于一体，"十里秦淮千年流淌，六朝古都今更辉煌"，今天的秦淮河仍充满了动态的美。

以点、线、面三种形态所呈现的江苏水体都具有"灵秀"和"动态"的美感，且两者往往密切结合，从而给人以"灵动"的审美感受。比如苏州密布的水网，曾呈现出"六横十四纵两环"的"双棋盘格局"。白居易就曾写诗云："绿浪东西南北水，红栏三百九十桥。"当代的苏州城内并不十分宽阔却连绵不断的河流仍在现代建筑和散落的古典园林中穿行，河上或古朴或现代的小桥，体量都不大，且贴近水面，两岸三步一桃五步一柳的植物配置使得水体本身更显灵秀。日出或黄昏之时，潺潺的流水与喧闹的车流一起绵延地流淌，过去、当下和未来的苏州城在水的不断流动中得以勾连贯通，整座城市因水的存在而充满了生机。北方的水体如黄河，如松花江大多汹涌澎湃，虽动感十足，但雄浑而非灵秀；西部的水域如九寨、黄龙，虽秀美斑斓，但大多水平如镜，缺少动感。江苏城市中的水体则是"灵秀"和"动感"的结合，我们可以称之为"灵动"之美。公安三袁认为"灵气"即一种"慧黠之气"，是美感的源泉，"凡慧则流，流极而趣生"，可见慧黠之气的流动即为灵气的运动，灵气上下周转，富有动态，则事物便具有了审美的趣味，因此"水之涟漪而多姿"，"皆为天地间一种慧黠之气所成，故倍为人所珍玩"⑱。"人动其形，天动其神。"江苏的水正表征着这种慧黠之气的不断运动，具有独特的审美价值，它是白居易心中的："春来江水绿如蓝，能不忆江南。"它是苏东坡诗里的："半壕春水一城花，烟雨暗千家。"也是杜荀鹤笔端的："君到姑苏见，人家尽枕河。""水"无论是过去、现在还是将来无疑都是江苏城市的"诗眼"所在。

3.2.2 秀美的山

"山"自古以来就是自然审美的主要对象，郭熙在《林泉高致》中有文描述："山，大物也。其形欲耸拔，欲偃蹇，欲轩豁，欲箕踞，欲盘礴，欲浑厚，欲雄豪，欲精神，欲严重，欲顾盼，欲朝揖，欲上有盖，欲下有乘，欲前有据，欲后有倚，欲下瞰而若临观，欲下游而若能麾。此山之大体也。"[19] 可见，山的审美特征也同样是丰富多彩的。江苏地势平坦，平原面积约占全省总面积的三分之二，比例之大为全国第一。低山丘陵主要集中在北部和南部，有老山山脉、宁镇山脉、茅山山脉、宜溧山脉、云台山脉等。江苏最高的山是连云港的云台山，海拔为 625 米。吴良镛院士认为：江苏地区的山"或岗峦蜿蜒，或孤丘兀立，山虽不高，却'出人头地'，丰富了大地景观，这对该区的风景名胜建设来说，实是得天独厚，各具特色"。[20]

当代江苏城市中的山体最鲜明的审美特点是"秀美"，先以孤峰为例，江苏市区内的孤峰往往体量较小，被城市建筑所环绕，以苗条清秀的姿态、玲珑精巧的轮廓、开合转曲的形势，在茂林修竹、繁花碧草的映衬下，呈现出柔和的风格和雅致的神韵。比如，素有"天下第一江山"美誉的镇江城内，群山镶嵌其中，号称"京口若悬河，三山甲江南"的金山、焦山和北固山是镇江最著名的三座山。金山以寺包山的特有景观闻名；焦山四面环水，因其山与江的关系而蜚声中外；北固山山壁陡峭，以险峻著称。浩渺长江与婉约南下的大运河在镇江城中交汇，与山、城交辉。镇江的城市建设依山就势，顺应自然，构成了历史上镇江古城"山在城中，城在山中"的独特形态，造就了山、水、城、林互为衬托、北依长江、南山居中、"抱山枕水"的空间格局。再如，扬州的观音山，作为扬州城内自然山体的最高点，虽只有数十米，但山路幽深，蜿蜒陡峭，古树蔽日，楼殿参差。山上有圆通宝殿、迷楼、紫竹林、上苑等，建筑轩昂，红墙高耸，山寺一体；秀美异常，有着"碧树锁金谷，遥天倚翠岑"之誉。江南城市内的群山也同样是如此，虽呈绵延之姿，但并不给人以压迫感，而往往是可亲可近，可观可赏的。比如，南京城东的钟山，作为宁镇山脉的一部分，峰峦绵延百里，有"钟阜龙蟠"之称，成为了当代南京城的"靠山"，这座宁镇山脉的最高峰仅高 448 米，勉强达到"中山"的范畴，虽由于位于平原之上，因此给人的审美感受还是比较高大、雄伟的，但这种高大、雄伟却没有一种盛气凌人的压迫感，没有一种高高在上、脱离生活的虚无感。钟山是葱茏的，是精致的，也是属于日常生活的，所以在很多南京市民们看来这座安葬有明代开国皇帝朱元璋和民国奠基者孙中山，理应"高山仰止"、只可瞻仰的钟山，却是柔和的，可以亲近的，本质上也属于"秀美"的范畴。

山的"秀美"与体量有关，更与它给人的审美感受有关。一般而言，体量大、造型奇的山往往给人以"崇高感"。荷加斯曾说："层峦叠嶂包含有一种逼人的魅力，汪洋大海则以其浩瀚无边而动人心魄。但是，当眼前出现巨大的美的形体时，我们的意识则会体验到一种快感，恐惧就变成崇敬感。"[21] 康德更是将崇高分为数学的崇高和力学的崇高两种类型来加以论述，认为自然界的崇高以量的巨大和力的强劲呈现出人的感官难于掌握的无限大的特征，因此，自然的崇高是以客体的无限大间接地显示着人类的无限的征服力量，双方是在对立、冲突之中趋向统一的动态美的。[22] 而江苏的山首先体量不大，即使是部分山脉如上文所提到的钟山由于坐落于平原之上，相对海拔较高，但毕竟客观高度有限，即使能给人高大、雄伟感也还不具有"量的巨大和力的强劲"特征，所以不会给人以威胁与恐惧感。再加上江苏的山常与柔美的水体、明艳的草木相契合，因此更给人以一种柔和、平易之感，我们称之为"秀美"。将其与其他地区的山峦相比较，这种秀美的美学特质就越发明显，因此在我们耳熟能详的诗词歌赋里，关于江苏的山大多是"天涯客里多歧路。须君早出瘴烟来，江南山色青无数。"（南宋·张孝祥《踏莎行》）、"水秀山清眉远长，归来闲倚小阁窗。"（佚名《知江南》）、"遥望洞庭山水色，白银盘里一青螺。"（唐·刘禹锡《望洞庭》）一类对于山色青翠浓郁、山势小巧舒缓的形容，与泰山的"会当凌绝顶，一览众山小。"（唐·杜甫《望岳》）、西部山峰的"黄河远上白云间，一片孤城万仞山。"（唐·王之涣《凉州词》）、"青海长云暗雪山，孤城遥望玉门关。"（唐·王昌龄《从军行》）相比少了一份距离感和肃杀感，多了一份亲近感和柔美感。因此江苏城市的山，从审美角度而言，并非有用自身的巍峨来衬托人的渺小和平庸，使人得到由恐惧转为愉悦、由惊赞转为振奋的"崇高感"。江苏的山从感官上就是和谐统一、平易可亲的，从而使人一开始就产生"秀美"的愉悦，有投身其中、乐享山林的冲动。因此，王安石在南京购买"半山园"，并为其作《游钟山》之句："终日看山不厌山，买山终待老山间。山花落尽山长在，山水空流山自闲。"这正是对江苏城市山体审美特征的最佳表述。

3.3 历史文脉与景观设计

城市学家张鸿雁将中国城市化进程产生一系列的社会问题的原因概括为八个方面。第一，中国的城市化是在西方式城市化理论整合下的城市化。第二，中国的城市化是资源高消耗型的城市化。第三，中国的城市化是区域多元型的不均衡发展的城市化。第四，中国的城市化是典型的"结构空洞型城市化"。第五，中国的城市化是丧失中国本土化城市形态的城市化。第六，中国的城市化是典型的制度型城市化，而且是制度型城市化所"固化"的城市。第七，中国的城市化是 GDP 考核引导下的城市化。第八，中国的城市化是典型的科层制度下的城市化，是中国传统三省六部制度的延续。[23] 这八个方面比较完整地反映了现阶段中国城市化进程产生的社会问题的原因，从历史文脉的方面进行延伸，将分析出江苏城市化进程中地域文化因素对景观设计的影响。

第一，江苏城市和西方城市最大的差异在于，江苏大部分城市都具有悠久的历史。目前，西方的城市化理论主要是基于对未来的规划，而较少关注对过去的继承。江苏的城市化发展如果不顾实际情况，完全照搬西方城市化理论，就会造成理论和城市发展实际的不相协调。江苏应该尊重自己城市的历史文化，探寻历史城市的发展规律，形成自己的城市化理论体系。

第二，江苏城市化未来的主流一定是发展绿色和低碳城市。低资源消耗型的第三产业将逐步代替资源消耗大、环境污染重的工业而成为城市的支柱产业。文化产业是第三产业的重要组成部分，它具有其他产业不可比拟的优势：极低的资源损耗和极高的回报比例。当文化产业中的某一类文化产品取得市场成功时，它可以通过对符号的规模化复制来获取高额利润。从某种意义上说，这种符号化的文化资源是取之不尽、用之不竭的。

第三，发展文化产业能够优化区域布局。文化产业对区位的选择不如其他传统产业要求那么严格，并且具有强大的空间集聚性。文化产业可以选址在一个相对偏僻的城市区域发展。当文化产业自身发展态势良好的时候，可以同时发展周边产业，并集聚人气，对其他产业也产生强大的吸引力和辐射力，最终改变整个区域环境。这种例子屡见不鲜，如美国的好莱坞和北京的 798 等等。江苏现阶段城市化进程中区域发展并不均衡，一些区域经济发展相对比较滞后。文化和经济的发展并不完全一致。有些经济落后的区域，文化反而比较繁荣。这些区域可以通过发挥独特的文化魅力，获得大众的青睐，用市场化的方式获得文化的经济价值，最终实现文化和经济的共同繁荣。

第四，江苏城市化面临的城市"结构空洞"表现在许多方面。从文化层面看，主要是社会阶层存在的价值理念的结构空洞，具体表现为现代城市中人们的价值体系十分混乱，缺乏社会核心的价值观。紊乱的社会价值取向，直接导致人们丧失信仰，社会矛盾加剧。人们缺乏齐心协力共同建设城市的积极性和凝聚力。

第五，江苏的城市化进程处在全球化的背景下，强势的西方文化影响了江苏城市景观建设的审美趣味。西方城市景观中的广场、喷泉和雕塑等元素在江苏现代化城市中非常流行，逐渐占据了城市的中心。相反，江苏城市中现存的历史街区却在逐渐走向消亡。长此以往，江苏城市将一步步丧失掉自己的城市特色，而城市风貌也会沦为千城一面，将再也没有鲜明的城市形象。因此，要保持江苏城市的本土特色就必须尊重中西方的文化差异。这种文化差异主要表现为城市的历史遗存物和城市记忆。江苏在城市化进程中需要重视城市文化遗产和文化记忆的保护工作。

第六，目前，发达国家的城市之间都通过形成"城市群"的方式，取长补短，互通有无，增强城市竞争力。在现行的制度下，我国城市按照行政区域进行管理，城市和区域之间整合难度较大。中国城市化发展的未来，必须跨越这种行政壁垒，打造经济一体化的"都市圈"。要形成这种都市圈，需要通过产业结构的相互整合。在这个整合过程中，少不了文化的融合作用。在地理位置和经济基础都比较接近的情况下，拥有更多共同的文化渊源的城市更加容易展开合作。

第七，以 GDP 考核为导向的城市发展，迫使城市发展一味地追求城市规模。而这种城市规模又往往用城市人口的多少来进行衡量。其实，光是人数众多也是没有用的，大约只有 40 万居民的佛罗伦萨，比之人口比它多 10 倍的别的城市，起着更多的大都市的作用。[24] 而以"世界音乐之都"著称的维也纳，只有 165 万人口，却丝毫不影响其国际大都市的地位。我国城市未来的发展的考核标准应该更多元化，将文化指标纳入 GDP 考核参数中，避免城市的盲目扩张。

第八，由于城市化的背景和速度的差异，我国的城市社会没有形成和西方城市社会一样发达的市民阶层。市民阶层的弱小，造成了现代城市管理中的监督缺位。积极发展市民文化，在城市中提倡市民的公民意识，发展现代城市管理制度，有利于减少"权力寻租"现象，使城市发展进入良性的规范的轨道。

3.3.1 地域历史文化

文化是一种历史现象，每一个社会都有与之相适应的文化，并随着社会物质生产的发展而发展。作为意识形态的文化，是一定社会的政治和经济的反映，又给予巨大影响和作用于一定社会的政治和经济。随着民族的产生和发展，文化具有民族性，通过民族形式的发展，形成民族的传统。文化的发展具有连续性，社会物质生产发展的历史连续性是文化发展历史连续性的基础。

文化因其特定的内涵，有狭义和广义之分，有偏重物质或者精神的分别。文化，从广义上来讲，指人类历史实践过程中所创造的物质财富和精神财富的总和；从狭义上说，指社会的意识形态，以及与之相适应的制度和组织结构。文化是有地域性的，中国城市生长于特定的地域中，或者说处于不同的地域文化的哺育之中。愈来愈多的考古发掘成果证明，历史久远的中华文化实际上是多种聚落的镶嵌，亦可称"亚文化"的镶嵌，如河姆渡文化、良渚文化、龙山文化、二里头文化、三星堆文化、巴渝文化等。不同的地域历史文化是人们生活在特定的地理环境和历史条件下，世代耕耘、经营、创造、演变的结果。一方水土养一方人，特定的历史条件和地理环境哺育并形成了独具特色的地域文化；各具特色的地域历史文化相互交融，相互影响，共同组合出色彩斑斓的中国文化空间的万花筒式图景。

但是，学者对于地域历史文化的界定并不是一致的，有其相对模糊的外延需要探讨。综合起来，所谓的地域历史文化应该是指在一定的地域条件下，如海洋，如山脉，如河流，以及气候特点乃至独有的人文精神等等，或者全部，或者交叉产生的对于文化（本地或者外来的）独特的、不可变更的，也无法人为变更的诸多影响，使这种文化突出了地域历史的特点，或者固守，或者排斥，或者融合并增加自身的色彩，发展并逐渐形成自己的文化特色。所以它不再是传统意义上的文化概念，也不再是特指某种经济状况下的物质层面，而是直接受制于地域历史限制（和已经具有的人文精神）下的，并通过多种形式表现出来的文化状况。当然，它对于物质层面的反作用也在此列。

随着南京城市的大发展，外来人口不断涌入，住宅建筑开始大幅增多，其中重新用"固定形式""新中式"来打造的比例不少。除了建筑风格本身，文化、历史给人们留下的印象也是一个重要的推动元素。

南京夫子庙（简称：夫子庙），是一座位于南京市秦淮河北岸贡院街的孔庙。夫子庙前以秦淮河为泮池，旁边是乌衣巷，历来是市井百姓吃喝玩乐的地方，古往今来也是三教九流各色人等都喜欢的场所。史景迁（Jonathan D. Spence）的晚近之作《前朝梦忆：张岱的浮华与苍凉》里面描写了很多明朝南京的景象。谈到张岱在秦淮河温柔中的周旋，史景迁在书中说："张岱的居处前有广场，入夜月出之后，灯笼也亮起，令他深觉住在此处真'无虚日'，'便寓、便交际、便淫冶。'身处如是繁华世界，实在不值得把花费挂在心上。张岱饱览美景，纵情弦歌，画船往来如织，周折于南京城内，箫鼓之音悠扬远传。露台精雕细琢，若是浴罢则坐在竹帘纱幔之后，身上散发出茉莉的香气，盈溢夏日风中。"㉕

张岱《陶庵梦忆》卷四中有《秦淮河房》一则，描绘当时盛况："秦淮河河房，便寓、便交际、便淫冶，房值甚贵，而寓之者无虚日。画船箫鼓，去去来来，周折其间。河房之外，家有露台，朱栏绮疏，竹帘纱幔。夏月浴罢，露台杂坐。两岸水楼中，茉莉风起动儿女香甚。

女客团扇轻纨，缓鬓倾髻，软媚着人。年年端午，京城士女填溢，竞看灯船。好事者集小篷船百什艇，篷上挂羊角灯如联珠。船首尾相衔，有连至十余艇者。船如烛龙火蜃，屈曲连蜷，蟠委旋折，水火激射。舟中镪钹星铙，宴歌弦管，腾腾如沸。士女凭栏轰笑，声光凌乱，耳目不能自主。午夜，曲倦灯残，星星自散。钟伯敬有《秦淮河灯船赋》，备极形致。"

这段张岱的文字点画出了秦淮河上的两大景观，一是河边的房，一是河中的船，而这两件东西的美，要在春夏季节的夜生活里才能显露出来。张岱的角度是从房中看船，这是以静观动，虽然过去几百年了，但是如今去夫子庙的时候，看见水面上划过画舫的时候，还是可以想象出张岱当时看到的艳丽情景。

现在的夫子庙秦淮风光带已经彻底改造成了一个旅游区，建筑一律翻新、白墙黛瓦，少了秦淮风月的杂乱无章的柔情，多了几分旅游产业的霸气，也许并不那么吸引人了。所以一些文人墨客对秦淮河、乌衣巷的怀念，恐怕跟这个新景观的关系不大，更多是寄寓在文学形式中的一种氛围和情绪而已。

不过，秦淮河的热闹，再如何绚丽，也都有层薄薄的金粉褪尽的悲剧色彩，这是古都南京给人的一种感觉：辉煌中的忧伤，大青绿中的寂寞。记得《桃花扇》中唱道："中兴朝市繁华续，遗孽儿孙气焰张，只劝楼台追后主，不愁弓矢下残唐。"往昔的繁华竞逐，又成了悲恨相续，这样唱出了"眼看他起朱楼，眼看他宴宾客，眼看他楼塌了"，起承转合，秦淮河是个见证自不用说，它还是个变化的主体。

3.3.2 现阶段城市化进程中地域历史文化景观建设的基本 情况

1986 年，联合国《世界文化发展十年》白皮书中写道，没有一项名副其实的发展项目能无视自然和地域历史文化环境的基本特点及有关人群的需要、追求和价值。世界各地也都越来越注重地域历史文化在城市发展中的价值。

美国纽约提出了要"促进和保持纽约文化的可持续发展，提高对经济活力的贡献度"。英国《伦敦：文化资本，市长文化战略草案》中主张把伦敦定位为"文化多样性的世界创意都市"，要在伦敦大力发展创意产业。西班牙巴塞罗那扶持内容产业和科技产业，积极建设知识型文化城市。新加坡"文艺复兴城市"战略中提出要将新加坡建设为"21 世纪的文艺复兴城市，即国际文化中心城市之一"。日本东京以文化作为都市魅力与活力源泉，建立起东京文化资源与创造性活动相结合的有机结构，打造充满创造性的文化都市。我国香港也提出了"在中国文化基础上，开拓国际视野，吸取外国优秀文化，将香港发展成开放多元的国际文化都会"。

2007 年 6 月 11 日，来自世界 23 个国家和地区的 1 000 多位市长、规划师、建筑师、文化学者、历史学家以及其他各界关注城市文化的人士共同商讨，达成了城市文化建设的共识，并以《城市文化北京宣言》的形式公布于众。宣言中提出了城市发展中对城市文化建设的五点要求。第一，新世纪的城市文化应该反映生态文明的特征。第二，城市发展要充分反映普通市民的利益追求。第三，文化建设是城市发展的重要内涵。第四，城市规划和建设要强化城市的个性特色。第五，城市文化建设担当着继承传统与开拓创新的重任。

这些都反映了城市文化建设的价值已经得到了肯定。但是，在现阶段，我国的一些城市，仍然存在着把城市文化建设和城市发展进行割裂甚至对立的现象。这主要是因为我国许多现代城市都是在历史城市的基础上发展而来的。城市发展的中心地区是旧城。这些旧城具有非常优越的区位优势，在城市发展过程中是房地产商争夺的黄金地段。同时，由于旧城的生活基础设施已经衰落，原来的居民都有比较强烈的改善居住条件的愿望，当地政府往往在这两个压力之下，又受到GDP政绩考核的刺激，来不及进行详细论证，就匆匆忙忙地对旧城进行了大拆大建，造成了旧城中历史街区的迅速消亡（所谓的历史街区是指城市中遗存较为丰富，能够比较真实地反映一定历史时期传统风貌或民族地方特色，存在较多文物古迹、近现代史迹和历史建筑，并具有一定规模的地区，是城市中最具代表性和最具规模的历史文化遗产）。这种做法，对城市未来的发展造成了非常消极的影响。

城市文化建设对城市发展的作用力是双向的，当城市文化建设和城市发展相协调时，城市文化建设能促进城市发展；当城市文化建设和城市发展不相协调时，它也可能反过来制约城市发展。法国著名社会学家埃米尔·杜尔干（Emile Durkheim）在谈到文化的这种限制作用时曾经这样描述过：我们并不常常感到文化的强制力量，这是因为我们通常总是与文化所要求的行为和思维模式保持着一致。然而，当我们真的试图反抗强制时，它的力量就会明显地体现了出来。

盲目拆除历史街区的消极影响正一点一点地被人们所认识。首先，城市旧区中的部分老住民负担不了改造后城市中心的房屋价格，只能被迫迁到城市的偏远地带，失去了以往和城市的紧密联系。由于生活环境的改变和交通的不便,很多人也失去了原来赖以生存的工作,尤其是那些依靠老行当生存的手艺人。一部分人虽然获得了一笔拆迁补偿,但从长远来看,以后的生活并没有得到保障。这些城市的老住民显然成了城市发展的牺牲品。其次,城市贫富差距明显扩大,又没有对这部分旧城居民妥善安置,必然会引发社会阶层的矛盾,破坏社会和谐。而原来邻里之间朴素的情感联系和道德约束也遭到破坏,容易滋生社会的不安定因素。再次,城市风貌遭到了不可逆转的破坏,摩天大楼取代了历史街区成为城市的中心地标,千城一面使中国城市特色消失,城市形象模糊不清,在未来的城市竞争中缺乏持久的竞争力,只能沦为平庸。最后,这种拆建使尚在历史街区生活的人没有安全感和尊严感,与城市发展产生隔膜。而在拆建以后,城市居民更失去了城市文化记忆的重要载体,不容易构建对城市的文化认同,很难形成凝聚力来共同推动城市建设。此问题的出现,引起学界深思。

目前,在世界城市建设领域中出现了两个新热点:城市复兴和地域文化规划。

城市复兴是一项旨在解决城市问题的综合、整体的城市开发计划与行动,以寻求某一亟须改变地区的经济、物质、社会和环境条件的持续改善。西方国家城市中心主要是因为传统制造业的衰退而败落。因此它的城市复兴是指通过产业转型的方式来扶持新兴的文化产业,刺激城市中心经济的发展,以达到恢复城市活力的目的。中国的城市中心衰退的原因虽然和西方国家城市中心并不完全相同,但是仍可以借鉴这种形式,积极发展文化产业,对旧城的历史街区进行再利用,在旧城区域中新增文化设施和文化地标,举办文化节,提升旧城中心的文化功能,促使旧城中心演化为现代城市的文化区,从而恢复和提升旧城的活力。

文化规划是 20 世纪 70 年代在西方兴起的一项新的规划内容，它是城市和社区发展中对文化资源战略性以及整体性的运用。中国近些年来也十分重视在城市规划中对文化资源的保护和利用。2011 年，建设部和国家文物局还共同开展了国家历史文化名城的检查工作，其中一项重要的检查内容，就是促使地方政府在编制城市规划中将文化遗产的内容纳入进去。

德国景观设计师彼得·拉茨（Peter Latz，1939—）用在特定环境中看上去自然的要素或已存在的要素，通过采用一种理性的、结构清晰的设计方法，处理景观变化和保护的问题，

王建国认为："拉茨反对景观依照从前田园牧歌式的理想来描绘自然的观念，对传统的文化和美学界定标准及观念提出了令人信服的挑战。按照他的思想，那些长期以来似乎是缺乏'文化'的景观为人们提供了一种特殊的物质性的'文化'要素，即所谓的工业遗产。它们从物质上见证了（各种非常规性的建筑物和设施）工业化进程的特殊时期或功能。鼓风炉、卷扬机和厂房等不仅应被认为是文明的成就，同时其所表达的文化内涵对于我们来说也是不容忽视的。"[26]

拉茨对于城市复兴和地域文化的保护具有独创性见解，他始终强调"清晰的结构"，并指出一个灵活而有序的空间结构对于参与者来说是至关重要的，因为当今大众对景观的看法正在改变，人们越来越追求不受拘束的观光活动。这种对结构的重视，逐渐地反映在他的作品中，并日渐形成拉茨独特的设计手法——"景观句法"。拉茨将景观元素比喻为一个句子中的词语，那么结构便是这些词语组成一句话所依托的逻辑关系即"句法"。他认为只要依托于正确的"句法"，景观元

素间的相互转换就会形成不同的语义，产生更多的可能与变化。

位于萨尔布吕肯市的港口岛公园是拉茨设计的重要作品之一，该公园项目的艺术形式摆脱了旧的衣钵，在观念上突破了传统的景园模式，为未来创造出了一种全新的当代景观艺术形式。港口岛公园面积约 9 平方公里，曾经是一片废墟瓦砾。拉茨综合研究了码头废墟、城市结构、基地上的植被等因素，对场地进行了"景观句法"设计。拉茨认为修建港口岛公园的目的意在揭示战争对城市的破坏，特别是交通设施发展对城市景观的破坏。他为了唤起人们对 19 世纪城市历史面貌片段的回忆，在公园中构建了一个用废墟中的碎石组成的方格网。公园中的一部分建筑材料利用了战争中留下的碎石瓦砾，它们与各种植物交融在一起，彼此呼应。园中的地表水通过一系列净化处理后得到循环利用，减少了不必要的浪费。公园新建的部分为了与原有瓦砾形成鲜明对比，大多以红砖构筑而成，具有很强的识别性。（图 3.4）

如果说港口岛公园是拉茨对"景观句法"的一次有益尝试，那么他设计的北杜伊斯堡景观公园就是一次设计观念和方法的完美展现。埃姆舍公园是北杜伊斯堡景观公园中最为独特的组成部分之一，这里曾经坐落着一个有着百年历史的钢铁厂，它于 1985 年关闭，无数的老工业厂房和构筑物很快淹没于野草之中。1989 年，当地政府决定将工厂改造为公园，工厂便成为埃姆舍公园的主要组成部分。从 1990 起，拉茨开始着手公园规划设计，经过众人的数年努力，1994 年公园部分建成准备开放。面对庞大的工业遗存，拉茨收集了所有可利用的元素和信息，首先，在保留工厂中的建筑物和构筑物的基础上，部分构筑物被他赋予新的使用功能。其次，设计致力于对工厂旧有的结构、材料和要素的重新解释。最后，拉茨的设计全面考虑了对于水系统的综

图3.4 港口岛公园，彼得·拉茨，1985—1989

图片来源：Elizabeth Barlow Rogers. Landscape Design——A Cultural and
Architectural History [M]. New York: Harry N. Abrams, 2001.

合治理。北杜伊斯堡景观公园的水可以循环利用，其中污水会被处理，雨水会被回收，最后引至工厂中原有的冷却槽和沉淀池，经澄清过滤后，流入埃姆舍河。拉茨认为，景观设计师应采取对场地最小干预的设计方法，而不是过多地干涉一块地段，要着重处理一些重要的节点，让其他广阔地区自由发展。他最大限度地保留了工厂的历史信息，利用原有的废弃空间与材料营造公园的景观，从而最大限度地减少了对新材料与能源的消耗。"炉渣堆与露天剧场""高炉与眺望台""煤气罐与游泳馆""高架铁路与游步道"……这些原本不相关联的场所奇迹般地被拉茨整合在一起。他在不破坏公园的前提下实现它本质上的完全改变，北杜伊斯堡景观公园是对现有状况进行重新诠释的最杰出的代表。（图 3.5）

拉茨的设计是探寻一种对现有建筑和元素的新的解读，他使用独特的"景观句法"，巧妙地将旧工业区改建成公众休闲的娱乐场所，赋予衰败场地以生机；同时又尽可能地保留原有工业设施和基地特征，将基地中的材料循环使用，最大限度的发挥材料的潜力，从而创造出独特的景观。

苏州是中国首批由国务院评选的国家历史文化名城之一，有着源远流长的历史、一枝独秀的姑苏文化和风景优美的古城景观。早在 20 世纪 80 年代中期，就确立了"保护古城、建设新区"的城市发展战略，通过开发建设苏州高新区和苏州工业园区，形成了现在"古城居中、东园西区、一体两翼"的城市发展格局，并对古城核心区域中的平江、山塘两个历史街区进行了保护性的修复。由于对城市进行了积极的文化规划，现在苏州基本上保存了古城的风貌格局，城区内也有多处景观被评为世界文化遗产，给苏州带来了世界声誉，吸引了众多中外游

客，获得了很好的经济收益。良好的文化氛围和生态环境也使苏州的
发展环境更加优越，商业资本和人才都愿意进驻苏州。而且，由于对
城市的合理规划，使新区发展减少了很多制约和束缚。在这种优势条
件下，苏州的经济发展得十分迅速，成为中国第一个国税收入超千亿
元的地级市。苏州的发展证明了在城市建设中合理处置文化遗产和城
市发展的关系的重要性。随后，扬州、无锡等一些历史文化名城也借
鉴了苏州的做法，并取得了不错的成效。

综上所述，中国在城市化的过程中，要重视文化对城市发展的作
用，积极利用文化要素去消解现阶段已经出现的一些城市病，并尽可

图 3.5　北杜伊斯堡景观公园，彼得·拉茨，1990

图片来源：Elizabeth Barlow Rogers. Landscape Design——A Cultural and
Architectural History [M]. New York: Harry N. Abrams, 2001.

能避免出现城市文化建设和城市发展不相协调的做法。

3.4 文化环境与景观设计

3.4.1 大众文化

在人类社会发展的不同时期以及不同时期的不同社会阶层中，存在着不同的文化形态，文化所表现出的特征也自然各不相同。人类社会发展到今天已建构为一个多元世界，社会结构的多元性表现在文化上也必然多元。不同的学者对大众文化的概念有着不同的观点。在西方，英国伯明翰学派的理查德·霍加特（Richard Hoggart，1918—）、雷蒙·威廉斯（Raymond Williams，1921—1988）、汤普森（E. P. Thompson，1924—1993）、斯图亚特·霍尔（Stuart Hall，1932—）等都是当代大众文化研究的奠基人；法兰克福学派的瓦尔特·本雅明（Walter Benjamin，1892—1940）、马克斯·霍克海默（M. Max Horkheimer，1893—1973）、狄奥多·阿多诺（Theodor Ludwig Wiesengrund Adorno，1903—1969）等理论家曾定义过大众文化；欧美理论家弗·杰姆逊（Fredic Jameson，1934—）、约翰·费斯克（John Fiske，1939—）、皮埃尔·布迪厄（Pierre Bourdieu，1930—2002）、让·鲍德里亚（Jean Baudrillard，1929—2007）等，也对大众文化提出了不少观点。约翰·斯托雷（John Storey，1950—）在《文化理论和大众文化导论》中，就列出了大众文化的六种不同定义。第一，大众文化是为许多人所广泛喜欢的文化。这个定义强调受众在数量上的绝对优势。第二，大众文化是在确定了高雅文化之后所剩余的文化。这里注重它与高雅文化的明显区别。第三，大众文化是具有商业文化色彩的、以缺乏辨别力的消费者大众为对象的群众文化。这是从批判和否定意义上理解大众文化的。第四，大众文化是人民为人民的文化。第五，大众文化是社会中从属群体的抵抗力与统治群体的整合力之间相互斗争的场所。第六，大众文化是后现代意义上的消融了高雅文化和大众文化之间界限的文化，突出了大众文化与高雅文化的融汇或互渗趋势。[27]

总的来说，作为一种新的文化形态，大众文化表现出了自己的一系列特征。因此，通过对大众文化特征的分析，有助于我们进一步了解大众文化的内涵。

（1）现代性

大众文化是现代工业社会的产物，是一种工业文明以来才出现的文化形态。工业革命的发展，给人类的文化构成及格局带来了巨大的影响。特别是第三次工业革命，把人类社会带到了一个信息的社会。追求现代化，已经成为这个世界的主要潮流。现代化的大工业生产使生产力的水平达到巅峰，创造出了前所未有的物质财富，使得传统文化观念、文化形态、接受方式产生质的变革。城市生活方式代表的是一种全新的生活方式，它把乡村生活方式也融合、统一在城市生活方式中，已经成为整个社会的主导生活方式。如果没有现代城市的产生及其工业经济社会的来临，大众文化也就失去了产业的经济基础和社区条件。因此，社会大众化、现代化、城市化改变了传统社会的文化状况，文化不再是被少数人所把持的精英文化或贵族文化，而是走向了普通大众。这使大众文化成为社会文化的主流，成为多数人的文化。

（2）世俗性

世俗化作为一个重要的社会文化症候，消解了精英文化与主流文化长久以来确立的价值观、理想观，呈现出审美功利化、时尚化、休闲化和形象化的趋势。在商业主义和消费主义全线出击的时候，这正是大众文化的另一重要特征的体现。作为一个特定的社会群体，需要一种相应的、特定的文化形态，大众与大众文化是大众社会的产物与重要组成部分。大众文化的世俗性决定了大众文化是一种无节操的文化，它极力投合各种趣味，构成世俗特点中的趣味性追求。因此，这种世俗性的意识和要求，既规定着文化产品的制作内容、形式及欣赏趣味，又对整个社会生活产生极大的影响。基于大众文化的趣味要求，大众文化创作的一个基本原则就是快乐原则，搞笑、逗乐、感官刺激，甚至成为大众文化的一个主题。

（3）商业性

文化产品的商业化是大众文化的一个显著的特征。在市场经济的条件下，"商品化的逻辑已影响到人们的思维"。[28] 大众文化与市场和资本结合起来，赚钱成为大众文化生产的第一动机。赫伯特·马尔库塞（Herbert Marcuse，1898—1979）认为："资产阶级艺术的作品都是商品，它们也许就是为了拿到市场上去而被当作商品创作出来的。"[29] 他直接揭示出了大众文化共同的商品形式的特性。由于大众文化变成了产业，生产大众文化产品就是为了消费，是为了确保消费市场，获得经济效益，使文化艺术的创作服务于市场的需要。随着市场经济的发展，文化消费者对文化形态的影响力在逐步增强，文化消费者在越来越大的程度上决定着文化的生产和存在方式。尤其是当代艺术领域到处渗透着市场的逻辑，艺术活动越来越成为一种社会生产，一种直接或间接地体现商品化的生产和消费的过程。

（4）技术性

现代科学技术为大众文化的传播提供了现代化的载体。首先，大众文化是随着大众传媒技术的发展而发展的。大众文化兴盛于电信传播时代，拥有以电影、电视机、录像机、电脑以及以通信卫星为代表的最先进的传播手段。其次，技术性含量很高的大众传媒的传播领域广泛，成为塑造大众的主要力量。一系列新的科技成果，使大众文化对时空获得更强的占有性。特别是互联网的出现，人们由此拥有了空前的选择性、自主性、平等性，使大众文化进入一个更高的发展阶段——网络文化的时代。越来越多的大众沉浸在其中，逐渐成为时尚的追求者和大众消费者，同时更多的大众消费者的产生，也更加促进了大众文化的生产。再次，技术性是大众文化生产的主要手段，也是人类感官的延伸。马克思说过："火药、指南针、印刷术——这是预告资产阶级社会到来的三大文明。火药把骑士阶层炸得粉碎，指南针打开了世界市场并建立了殖民地，而印刷术则变成新教的工具，总的来说变成科学复兴的手段，变成对精神发展创造必要前提的最强大的杠杆。"[30] 总之，没有现代科技手段，也就不可能大规模地复制、传播文化产品，不可能实现文化的产业化。

（5）娱乐性

传统文化和精英文化认为娱乐是一种消极的心态，所以都是以回避娱乐性作为基本特征。而大众文化不同，它消解一切意识形态，不追求精神的超越性，以轻松、快乐、狂欢的姿态竭力迎合大众。在商业化的激烈竞争中，人们始终被围绕在压力和紧张之中，所以十分渴望获得休闲和放松，以缓解自己的精神生活。大众文化是一种旨在使民众获得感性愉悦的日常文化形态，它以追求感官的娱乐为目的。大众文化通过变幻着的各种形式给人娱乐，并充分满足和发掘人们的感受，引导人们追逐消遣、游乐和嬉戏，通过感性的刺激和满足使人们活得更轻松和随意。就像阿诺得·豪泽尔所说的那样："通俗艺术的目的是安抚，使人们从痛苦之中解脱出来而获得自我满足，而不是催人奋进，使人开展批评和自我检讨"。[31]

综上所述，大众文化是现代工业和后工业社会中市场经济充分发展后的产物，是当代社会大众大规模地共同参与的文化公共空间或公共领域。它是当代通俗文化、媒介文化、消费文化的复合体，它们既是代表了以大众消费为中心的新的文化产业，又是现代社会创造出的新的生活方式。它是反映现代工业社会和市场经济条件下大众日常生活、适应大众文化品位、为大众所接受和参与的精神创造性活动及其成果。

3.4.2 现阶段城市化进程中大众文化景观建设的基本情况

大众文化的崛起在当代艺术审美观念的转变中具有一定的意义。它意味着人类艺术审美观念本身的边界的极大拓展（艺术的生活化），也意味着商品、技术、娱乐本身的文化含量、艺术美学含量的极大提升（生活的艺术化）。

这种思想状况也直接影响了景观艺术，大众文化在景观设计中表现为设计风格的通俗化、世俗化，对工业产品的直接运用，以及严谨的现代主义作风被戏谑、轻松的手法所替代。景观设计师主要采用大众的、通俗的、消费性的符号或形式来表达意义和传达信息。受大众文化影响的景观设计不追求伟大、崇高、诗意等哲学美学意义的创作倾向，它是反精英主义的，认为精英主义的作品意义过于深奥且单一。

美国景观设计师玛莎·施瓦兹（Martha Schwartz，1950—）是第一个把大众文化作为景观艺术表现主题的设计师，她设计的面包圈花园标志着景观作为表达大众文化符号的诞生，同时也向传统的景观提出了挑战。玛莎·施瓦兹曾经从事纯艺术创作，后来转向景观领域，在马萨诸塞州的坎布里奇拥有自己的公司——玛莎·施瓦兹有限公司，主要从事公共环境艺术与景观设计。她认为，景观是与其他视觉艺术紧密联系的一种艺术形式，也是一种采用现代材料制造表达的当代文化产品，需要反映出当代社会的需要和价值。她极力主张波普艺术的思想，否定了现代主义景观中的理性以及材料的真实性，以复杂代替了简单，以戏谑代替了严肃，在景观中大胆地使用工业产品。施瓦兹的作品常常使用商业的、世俗的、唾手可得而又转瞬即逝的大众商品化的材料，例如面包圈、糖果、塑料、玻璃、彩色砂砾、人工草坪料等，这些材料都体现出强烈的波普趣味和商业消费特征。而且这些作品都具有几何图案和眩目艳丽的色彩，如金黄色、亮绿色、红色等，具有强烈的视觉效果和通俗的观赏性，充满想象力和幽默感，完全体现了艺术家对生活的热爱。这种开放、夸张的材料选择和色彩绚丽的设计风格对景观艺术来说，具有超前的实验性和探索性，所以她被人称作是艺术对景观的"入侵者"，是传统景观审美观的"冒犯者"，是一位在景观设计方面的"离经叛道者"。[32] 美国景观批评家伊丽莎白·K.梅尔在评论玛莎·施瓦兹时写道："施瓦兹的作品以其极普通材料的组合、大胆的造型、重复或连续的几何秩序以及诙谐的处理手法被认为是有意识的文化创造。无论是在行业内还是在大众文化中，它们对建立景观定义的一系列思想提出了挑战：自然相对于文化、永恒相对于短暂、天然相对于合成、严肃相对于讽刺、背景相对于前景。

这种对景观定义的挑战加深了景观行业的危机感。它不应只满足于成为生活与艺术的背景，而应致力于表达生活与艺术。"㉝

随着中国城市化进程的不断加速，公众越来越多地受到了大众文化的影响。目前，江苏境内拥有多家大型游乐园，例如苏州乐园、糖果乐园、常州恐龙园和嬉戏谷等，它们在规划理念和设计手法上都大量借鉴了美国迪士尼乐园，所以分析迪士尼乐园可以使我们窥一斑而知全豹。迪士尼乐园是依据特定的主题而创造出的独特空间，它以景观环境为载体，是景观设计与旅游业、娱乐业联姻的产物，也是受大众文化影响的景观设计的典型代表。自从 1955 年建立之初，迪士尼乐园就成为现代美国最具煽动性的隐喻。它在西方高度发达的商业社会中成为了人们的消费对象或符号，它不但是人们消费的物质对象，更重要的是一种消费的文化观念和意义，表达着一种文明感、生根感、秩序感，精心地、有意识地带有受控制的政治意图。1983 年日本建成了东京迪士尼乐园并获得巨大的成功，被誉为亚洲第一游乐园；1992 年，位于法国巴黎市郊，马恩河谷镇的迪士尼乐园开业；2005 年，香港迪士尼乐园成为我国第一座迪士尼主题公园；2016 年，上海的迪士尼乐园开业。迪士尼乐园以其丰富的主题，把动画片所运用的色彩、刺激、魔幻等表现手法与游乐园的功能相结合，运用现代科技，为游客营造出一个充满梦幻、奇特、惊险和刺激的世界，使游客感受到无穷的乐趣。迪士尼乐园所获得的巨大成功、带来的良好的示范效应，使主题公园这一游乐形式在世界各地普及推广。当代的美国人几乎都是和迪士尼乐园及它的卡通人物一起长大的，迪士尼已经成为美国人生活中不可缺少的一部分，它也是美国大众文化的重要象征之一。

美国作家德克特洛（E. L. Doctorow，1931—）对迪士尼乐园有过这样的总结：迪士尼乐园展现在大众眼前的是一种简略速记文化的技巧，是不需要任何理由的激动，就像被电击一样。同时，它也强调感受者与其国家的历史、语言、文学之间的心理联系。在这个人口过密、人们受到高度统治的时代即将到来的世界，这项技巧不论是作为教育的替代品还是最终作为经验的替代品都非常有用。[34]

在迪士尼的世界里，商品和服务总是应有尽有，人们沉浸在极度的欢娱之中，犹如置身于梦幻般的仙境。在它完美的背后我们可以清楚地窥视到其商业性的目的：向世人灌输一种娱乐与消费文化，通过提供服务获得巨大的收益。

总体而言，迪士尼乐园的景观是大众文化的大汇集，各种表现手法在此都能得到充分的展示和演绎。它的表现手法主要可归纳为如下三点。

（1）直接挪用社会生活中的一些形象来创作景观

挪用是取其他文脉中既存的图像——艺术史、广告、媒体现成物等，再结合新的图像和媒体，组接出新的作品的方法。如果说波普艺术是挪用的先驱，那么安迪·沃霍尔则是其教父。他十分关注商业化社会中的日常形象，制做了大量这类主题的作品，例如美元钞票、可口可乐瓶、坎贝尔汤罐头、包装纸箱、玛丽莲·梦露画像、伊丽莎白·泰勒画像等，都获得了巨大的成功。所以沃霍尔就宣称："我要成为一台机器。"他认为："我觉得所有人都是一个机器，人和人是相似甚至是相同的，因为你每天在同样的时间做同样的事情，而且是日复一日地做。至于'创造'当然是个很美好的东西，但是现在已经很难说什么是创造什么不是创造，人们可以把我画的鞋的效果图叫创造，那么为什么我的这些艺术不是创造呢？人们不过是在复制各种东西而已，甚至艺术家也是如此。对于波普艺术家而言，他就是要解释出这个世界的复制性，他用复制的方法来解释这个不断重复的世界。"[35]

在当代社会中，观众的心理期待是被大众文化所改造的，在接受艺术作品时首先是对大众文化符号的识别，这种识别实际上是对自身生活方式的识别与共鸣，只有在这个基础上他才会如同理解自身生活的意义一样来理解艺术作品的意义。法国思想家鲍德里亚在《消费社会》一书中一针见血地把由大众传媒引导的消费概括为"一个符号参照另一个符号、一件物品参照另一件物品、一个消费者参照另一个消费者"。[36]在消费社会，商品不只是一个物品，更是一种意识形态的物质形式。在消费理论中，大众对商品的态度不仅仅是接受或使用，更是一种符号性的炫示。大众在对物品的选择过程中，逐渐创造了另一套文化概念。好比消费者购买牛仔裤，更多的不是考虑它的使用价值，而是选择牛仔裤所隐含的意义，如酷、潇洒等。此时，牛仔裤的风格、品牌，象征了消费者的个性和社会地位，如年轻人的形象、劳动工人的身份、美国的精神等。这些物品带给消费者的是一种快感，一种对主流文化抗拒的喜乐。

迪士尼乐园里堆砌了所有消费者可能熟知的符号和信息，很多景观的创作题材和形象元素也是直接取材于商业化社会的日常生活物品：动物、植物、扇子、棒球、汉堡、可乐杯、卡通形象等。在主题公园中，游人不需要发现的惊喜，只要识别的满足。随着迪士尼乐园在美国、日本、法国和我国香港的扩展，"迪士尼幻境"几乎成为复制品的代名词。所有的迪士尼乐园几乎一模一样，都是由 8 个主题园区构成：美国大街、冒险乐园、新奥尔良广场、万物家园、荒野地带、欢乐园、米奇童话城、未来世界。设计师们通过对商业化、媒体引导化的兼收并蓄，将日常用品作为景观艺术的创作元素，创造出了能够给游客带来快乐和愉悦的景观作品，就创作题材而言，是与以往的景观的创作方向背道而驰的，这也是大众文化能给人们带来惊喜和快乐的重要原因。迪士尼乐园营造出来的景观不仅满足了功能的需要，而且景观的空间与形式也能够表达、体现和代表大众看待世界的方式。（图 3.6）

图 3.6　香港迪斯尼乐园

图片来源：作者自拍

（2）利用装配与拼贴的手法来创作景观

受大众文化影响的景观具有反精英文化和现代主义的特性。精英文化与大众文化是两种不同的文化系统，分属于两种不同的文化阶层。在社会生活中，精英文化具有强烈的人文精神和"以天下为己任"的思想意识，代表着社会良知，崇尚高雅、理性和使命感。精英文化追求永恒意义的一元化解读。它有固定的制式规范，强调逻辑的法则，要求消费者遵从；大众文化则反对艺术的一元化解读，强调由多元的角度切入，可以有不同的认知。精英文化反映着人们对真、善、美理想境界的追求，体现高尚的道德情操和精神境界；而大众文化则是对工业化和市场化的追求，它追求文化实践的多角度和文化价值的多元化，以关注当下的感受状态为目的，不必过多关注永恒持久的审美卓越性。

另外，大众文化打破了现代主义艺术的规范，不再强调"为艺术而艺术"。在此之前，对于公众而言，如果不具备有关现代主义媒介和形式的专业知识，就无法领悟隐藏在媒介与形式之中的意义，只能获得一种单纯的视觉快感。相反，波普艺术采用装配与拼贴的手法，通过意义的直接表达，大众不需要具有任何哲学知识就可以理解安迪·沃霍尔和奥登伯格的作品，了解其中的意义和文化所指。例如奥登伯格在 1988 年创作的《汤匙与樱桃》，每个人都能以最简单的方式从作品中识别生活中最具体的事物，此外，饱和以及强烈对比的色彩、逼真到甚至夸张的形体、堆砌的符号都满足了现代人对信息的渴求（图 3.7）。受大众文化影响的景观艺术的商业特性使之注重包装比注重内容为甚，以新奇、活泼、标致的外貌刺激民众的注意力，进而引起他们的消费欲。迪士尼乐园中的景观同样利用装配与拼贴的手法，达到一种诙谐的、荒诞的艺术效果，是为了迎合游客求新奇、求刺激的心理需求。

美丑之间，时隔千里，时决一绳。人们苦苦追寻美，丑却随时包围过来，但是只要丑得可爱，而且让人赏心悦目，也能给人带来美的享受。迪士尼的景观为了向游客展现与其他景观不同的特殊面孔，所以经常以"丑"代替"美"，以"怪异"代替"崇高"，通过使用大量的夸张变形和重新装置等手法表现景观，如"小小世界"就采用了变形、破坏裂解的处理手法追求一种富于神秘感和童趣的表现效果（图3.8）。另外，景观设计师还通过将形状、比例、尺度、风格及类型完全不同的元素和部件并置或拼贴在一起，产生强烈的失调、冲突、断裂、不完整、不和谐甚至荒诞的艺术效果。迪士尼乐园完全不同于传统景观强调整体的风格，它就是一个万花筒，色彩斑斓，包罗万象又不缺少欢快和幽默氛围。

（3）利用高科技手法来创作景观

受大众文化影响的景观艺术是人类社会发展到新阶段，社会物质与文化水平达到一定高度后的产物，也是人类艺术发展历史上将科学技术结合最为紧密的艺术形

图 3.7　汤匙与樱桃，奥登伯格，1988

图片来源：马永健.现代主义艺术 20 讲 [M].

上海：上海社会科学院出版社，2005.

式之一。当今社会，随着信息技术和电子技术的进一步发展与繁荣，全世界正在被无数的由摄影、电视、电影等所构成的图像包围着，科学技术获得了其在历史上前所未有的地位，它成了我们时代最根本的特征。

迪士尼乐园就是这些高科技的完美集中体现，其中随处可见高大的电视墙、巨型广告以及由声、光、电、玻璃、不锈钢等透明、光亮材料所交互构成的充满动感和绚丽色彩的图像片段。它利用各种视幻媒介和大众影像来虚构和畅想未来，不是为了准确地预测未来的发展，而是为了达到当下娱乐游客的这一目的。迪士尼乐园结合高科技手法，打造一个充满幻想、色彩和愉快的场所，能够让人们暂时从烦恼中解

图 3.8　香港迪士尼乐园，小小世界

图片来源：作者自拍

脱出来，插上理想翅膀，在虚构和幻想的天空中飞翔。（图3.9）

总之，以迪士尼乐园为代表的受大众文化影响的景观，反对追求艺术永恒的价值，在审美趣味上和精英文化形成对抗，具有短暂、流行、易消失、商业化和具象性等特征。精英文化重视艺术的价值，而不是功能；而大众文化关注的是日常生活的功能。一般说来，精英文化是优秀规范和标准的继承者，它所关注的是审美的永恒价值，讲求伦理的严肃性、创造性和个性风格，因而形成了不断超越自身的内在动力；而大众文化则是取悦于大众的"媚俗"文化，旨在创造短暂的流行时尚，这是实现其商业价值的必然要求。大众文化是一种复制性的文化，它追求标准化、无个性、程式化，只求新奇刺激，而不必留意什么风格技巧。综上所述，精英文化追求的是永恒持久的审美卓越性，

图3.9　香港迪士尼乐园，小小世界

图片来源：作者自拍

大众文化则追求短暂的流行效应。玛莎·施瓦兹曾经说道："并非所有的作品都必须成为杰作——持久、永恒并且受人尊敬。"㊲迪士尼乐园的景观设计受到大众文化的影响，它的表现手法是丰富多彩、多种多样的。主要通过典型地域文化的复制、缩微等手法表现景观，以不同的主题情节贯穿各个游乐项目，具有信息量大、直观的特点。迪士尼乐园作为主题公园的代表把动画片所运用的色彩、刺激、魔幻等表现手法与游乐园的功能相结合，除了运用传统造型的表现手法之外，还运用了许多高科技的手法，如灯光、激光、音乐喷泉等，为游客营造出一个充满梦幻、奇特、惊险和刺激的游乐世界。正是由于这种独特的设计手法，使迪士尼开业至今，吸引着无数游人前往体验。

【注释】

① 徐淦. 观念艺术 [M]. 北京：人民美术出版社，2004：11.

② 滕守尧. 审美心理描述 [M]. 成都：四川人民出版社，2001：54.

③ 马永健. 后现代主义艺术 20 讲 [M]. 上海：上海社会科学院出版社，2006：129.

④ 马斯洛. 自我实现的人 [M]. 徐金声，译. 北京：生活·读书·新知三联书店，1987：132.

⑤ 柳沙. 设计心理学 [M]. 上海：上海人民美术出版社，2009：89.

⑥ ROGERS E B. Landscape Design: A Cultural and Architectural History [M]. Harry N. Abrams, Inc, 2001：106.

⑦ 马斯洛. 存在心理学探索 [M]. 李文湉，译. 昆明：云南人民出版社，1987：101.

⑧ 张红卫. 哈格里夫斯 [M]. 南京：东南大学出版社，2003：5.

⑨ 王向荣，林菁. 西方现代景观设计的理论与实践 [M]. 北京：中国建筑工业出版

社，2007：254.

⑩ 荷尔德林.荷尔德林文集[M].戴晖，译.北京：商务印书馆，1999：402.

⑪ 戴维·巴斯.进化心理学：心理的新科学[M].张勇，蒋柯，译.北京：商务印书馆，2015：218.

⑫ 乔治·桑塔耶那.美感[M].北京：中国社会科学出版社，1982：41.

⑬ 宋阳标.镇江水污染揭秘[N].时代周报，2012-2-23.

⑭ 叶兆言.江苏读本[M].南京：江苏人民出版社，2009：78.

⑮ 吴良镛.东方文化集成：中国建筑与城市文化[M].北京：昆仑出版社，2009：40.

⑯ 郭熙.林泉高致[M].周远斌，点校.济南：山东画报出版社，2010：13.

⑰ 於贤德.城市美学[M].北京：知识出版社，1998：114.

⑱ 袁中道.珂雪斋集.刘玄度集句诗序[M]上海：上海古籍出版社，1989：13.

⑲ 郭熙.林泉高致[M].周远斌，点校.济南：山东画报出版社，2010：26.

⑳ 吴良镛.东方文化集成：中国建筑与城市文化[M]北京：昆仑出版社，2009：39.

㉑ 威廉·荷加斯.美的分析[M].桂林：广西师范大学出版社，2009：56.

㉒ 刘叔成，夏之放，楼昔勇.美学基本原理[M].上海：上海人民出版社，2004：208.

㉓ 张鸿雁.中国城市化理论的反思与重构[J].城市问题，2010(12)：2-8.

㉔ 刘易斯·芒福德.城市发展史[M]北京：中国建筑工业出版社，2005：54.

㉕ 史景迁.前朝梦忆：张岱的浮华与苍凉[M].温洽溢，译.桂林：广西师范大学出版社，2010：9.

㉖ 王建国，韦峰.重新理解自然，重新定义景观：彼得·拉茨和他的产业景观作品[J].规划师，2004，20(2)：8-12.

㉗ 约翰·斯托雷.文化理论和大众文化导论[M].常江，译.北京：北京大学出版社，2010：7.

㉘ 杰姆逊.后现代主义与文化理论[M].唐小兵，译.西安：陕西师范大学出版社，1986：148.

㉙ 赫伯特·马尔库塞.工业社会和新左派 [M].北京:商务印书馆,1982:152.

㉚ 马克思,恩格斯.马克思恩格斯全集[M].北京:人民出版社,1979:427.

㉛ 阿诺得·豪泽尔.艺术社会学 [M].居延安,译编.上海:学林出版社,1987:233.

㉜ 成玉宁.现代景观设计理论与方法 [M].南京:东南大学出版社,2010:40.

㉝ 伊丽莎白·K.梅尔.玛莎·施瓦兹:超越平凡:现代园林设计与艺术译丛 [M].王晓俊,钱筠,译.南京:东南大学出版社,2003:6.

㉞ 詹姆斯·特纳.论当代景观建筑学的复兴 [M].吴琨,韩晓晔,译.北京:中国建筑工业出版社,2008:292.

㉟ 马永健.后现代主义艺术 20 讲 [M].上海:上海社会科学院出版社,2006:50.

㊱ 鲍德里亚.消费社会 [M].刘成富,全志钢,译.南京:南京大学出版社,2001:134-135.

㊲ 伊丽莎白·K.梅尔.玛莎·施瓦兹:超越平凡:现代园林设计与艺术译丛 [M].王晓俊,钱筠,译.南京:东南大学出版社,2003:6.

第 **4** 章　江苏城市化进程中
景观设计的
艺术学考量

经济全球化步伐的加快，使国际社会政治局势发生了明显的变化，各种文化之间的碰撞与冲击频繁发生。在这一背景下，当代江苏处于一个社会、经济、文化上全面的"中间"状态：一方面，在全球化进程中逐渐失去自我传统；另一方面，在探索中国特色的过程中还没有找到现代定位。这种状态正在深刻地影响着江苏的景观设计行业。

在江苏改革开放 30 多年的经济快速发展下，江苏城市景观建设发展迅猛，景观行业呈现出一片欣欣向荣的景象，然而与此不协调的是，景观设计风格的全球化因素也导致了两个方面的主要问题，一方面，景观传统的断裂、地域特色的弱化和文化内涵的缺失等问题越来越突出；另一方面，由于科研力量不足、法律法规不健全和缺乏完善的科学教育体系，造成了景观设计价值取向混乱的局面，江苏景观设计陷入了迷乱之中。面对着机遇与挑战，如何在头绪纷繁、错综复杂的问题之中，梳理出当代江苏景观的创作思路，探索建设有中国特色的城市景观建设之路，既是当务之急，也是历史的重任。

4.1 江苏城市化进程中景观设计的主要问题

根据中国 1953 年、1964 年、1982 年、1990 年、2000 年和 2010 年的六次人口普查，城市化率依次为 12.84%、17.58%、20.43%、25.84%、35.39% 和 49.68%，而截至 2011 年，已经首次超过 50%，达到 51.27%，城乡结构发生历史性变化。据 2017 年国家统计局数据显示，2016 年中国城镇化率达到 57.35%，其中城镇常住人口 79 298 万人，比 2015 年增加 2 182 万人；乡村常住人口 58 973 万人，比 2015 年减少 1 373 万人。① 自 2000 年以来，江苏的城镇化率发展速度就开始快于全国城镇化率发展速度，2015 年江苏的城镇化率已提高至 65.2%，高于全国约 10%。

我们用不足百年的时间就赶上了西方两三百年的城市化历程，可以说江苏的 21 世纪是个空前城市化的时代，各种人造景观如雨后春笋般出现在城市之中。但是，在繁荣背后仍然存在许多混乱和令人困惑之处，景观规划与设计实践呈现出良莠不齐的状态，设计手法的单一与经验的贫乏，导致了当代江苏城市景观出现了可怕的"千城一面"现象。如何从设计概念和形式语言对江苏景观进行创新这一问题的研究相对滞后，笔者认为，需要从以下三个方面深入探索。

4.1.1 混乱的中国当代艺术现状

纵观当下中国艺术家的创作，遍览时下艺术批评家的相关言论，就会发现当代艺术这个词的含义竟如此芜杂纷纭，以致人们莫衷一是。难道真的可以说"什么都是当代艺术""人人都是当代艺术家"吗？

如果作为一个历史分期概念，"当代"在西方是指 1789 年法国大革命以后的历史；在中国，1949 年中华人民共和国成立被视为当代历史的起点。但在艺术史上，无论是西方还是中国，"当代艺术"（Contemporary Art）这一概念的使用都与历史分期没有关联。也就是说，作为时间界限，当代艺术与当代历史的划分并不相同。

西方艺术家对于当代艺术的起始点始终争论不休，比较而言，英国艺术评论家朱利安·斯塔拉布拉斯（Julian Stallabrass）在《当代艺术》一书中为当代艺术划分的时间节点——1989 年相对更有说服力。因为那一年及其随后出现的一系列世界大事件——德国统一、苏联解体、冷战结束和全球贸易协定的签订——带来的是一个史无前例的经济全球化时代。

我国与西方的历史从未同步，因此，无论是历史还是艺术，我们不可能也不愿意采用西方人的分期标准。最近几年，中国艺术批评界对中国当代艺术的时间节点基本上达成了共识，这就是20世纪70年代末80年代初，更确切地说是1978年，因为那一年12月中国共产党召开了十一届三中全会，会议决定将全党的工作重心从"阶级斗争"转移到"发展经济"上来，从此我国进入改革开放和现代化建设的崭新历史时期。

回顾中国当代艺术的发展历程，至今已有三十几年的时间。艺术家参照、采用西方艺术语言，由"伤痕美术"所表现的批判现实主义色彩发展到"星星美展"在艺术形式、思想上的探索萌动期，再到"85新潮"所表现出的反叛。80年代的中国前卫艺术所体现的是在批判现实主义精神和西方现代主义艺术的影响下，艺术创作题材和形式脱离"红、光、亮"和"高、大、全"的模式化，转向对人性自由的发展，在审美的形式中实现自我价值，它是官方美术之外竖起的一面前卫艺术的大旗。

1989年国内举行了"中国现代艺术展"，这个展览在表层上给人们的印象为"样式、风格翻新"，还有人认为具有反叛、挑战等内在特征。其实，展览作品的"样式、风格翻新"是相对中国本土艺术状态而言的，实际上作品给人的感觉是对西方艺术零碎的抽离，被当作"西方翻版的现代艺术"。

90年代初期，前卫艺术活动遭到主流社会压制，使一部分艺术家进入地下创作，而另一部分艺术家选择了到国外寻找自由创作的空间，艺术的发展基本停滞不前。2000年以后至今，当代艺术逐渐受到社会的关注，初步建立了一个当代艺术的展示平台和市场，艺术资本的介入逐渐使得原来的前卫艺术家变成符号艺术家。他们的作品不再有艺术创造，而是重复生产自己出名的形象，并在炒作集团和市场运作下，形成天价作品。21 世纪的中国面临着西方一个多世纪前所面临的问题，即艺术的资本化、产业化和产品化。它给中国当代艺术带来诸多弊端——价值观上的资本化，美学上的平面化、时尚化、媚俗化，运作上的江湖化，而且危害甚深。中国当代艺术迎来了表面繁荣，实则复杂且不安定的局面，在当代艺术和现实严重断裂的情况下，当代艺术零碎的形式实际上已无力监控庞大的经济社会，失去了为这个社会提供意义的权利和兴趣。所有的艺术形式几乎无一例外地拥抱大众社会的同时，极力地表示出回避思想和意义的姿态，对社会和人类存在的各种问题的麻木不仁，已成为当代艺术的通病。

艺术对景观设计的影响是自始至终的，艺术通常被称为先导性思潮的开创者，如工艺美术运动、新艺术运动、装饰艺术运动下现代主义设计的产生。在当代艺术这一视野中，西方当代艺术同样为景观设计不断地提供了丰富的创新思路和创作灵感。反观我国当代艺术的混乱状态，由于艺术思想和艺术语言的缺失，对当代景观以及其他艺术设计领域的创新活动具有很大影响，导致景观设计师普遍缺少创作的活力。同时由于缺失设计语言的深层次探究和引导，景观设计创作出现了目标混乱、价值失衡现象，从"形式借鉴"走向"形式照抄"，从而暴露了中国设计师理论水平、批评意识和创造能力低下的状况。

当代中国的景观艺术是需要进行自我创造性的，不能光靠模仿，也不能去照抄，应该去创造。在这样的情况下，一些有责任感的当代艺术家，希望通过自身的努力改变中国的景观现状，使景观成为一个大文化的领域，而不是小的纯粹技巧性、专业性的领域，可以逐渐走向公众、走向社会，和社会建立更广泛的联系。这些当代艺术家的作品既丰富多样，又具有实验性，他们通过自己对生活的观察和感触，用艺术家特有的语汇诠释景观艺术，其中比较突出的有艾未未、王澍等。

艾未未，中国当代艺术家、建筑师和景观设计师。他曾在美国、日本、瑞典、德国、韩国、意大利、瑞士、比利时等多个国家举办个人艺术展（图4.1、图4.2）。艾未未参与发起了1979年第一届"星星画展"，1980年第二届"星星画展"，曾担任电视剧《北京人在纽约》的副导演，并且是2008年北京奥运会主体育场"鸟巢"项目设计方案中标者——赫尔佐格和德梅隆建筑设计公司的中方项目顾问。

艾未未的主要景观设计作品有北京SOHO现代城景观、北京"长城脚下的公社"景观、浙江金华艾青文化公园、浙江金华金东义乌江大坝、江苏安特汽车厂、金华建筑艺术公园古陶博物馆、广东东莞松山湖文化营展览馆等。

图4.1　永久自行车，艾未未，2003　　　图4.2　中国地图，艾未未，2004

图片来源：艾未未.此时此地[M].桂林：广西师范大学出版社，2010.

2004 年，艾未未策划、主持了浙江金华建筑艺术公园的营造工作，并独立设计了其中的古陶博物馆，在中国当代艺术领域引起了极大的反响。金华建筑艺术公园位于风景秀丽的义乌江北岸的滨江绿化带，占地面积达 224 亩，园内 17 座小型景观建筑由来自世界上不同国家的 7 位著名建筑师和艺术家设计完成，在义乌江边形成了一道亮丽的风景线。

古陶博物馆位于公园 10 号地块内，建筑面积 336 平方米。博物馆的概念来源于当地常见的坡屋顶建筑，将三个坡屋顶的房子并置在一起，形成了六边形的建筑母体。博物馆从东、西、南看过去都是普通的坡屋顶建筑，形状与当地常见的房子无异，形式简单朴素；只有在北面才能发现它的独特之处。观赏者从室外到室内，从入口到出口，会产生有趣的空间体验。（图 4.3 ）

艾未未在谈到古陶博物馆时说道："我通过这个建筑的施工，试图说明好的概念不会因为坏的施工而致毁。坏的概念不会因为好的施工而受用，概念本身的强度就是这个建筑本身的强度。"[②] 可以看出，艾未未的景观艺术实践明显体现了观念艺术的特征，表现为形式只是手段，观念才是真正的目的。金华建筑艺术公园向世人完美地展现了当代艺术对景观设计的影响和渗透，对当代中国景观设计具有重要的意义。

在当代，艺术与景观的关系已变得日趋密切，当代艺术家在个性化的作品中所注入的各种不同思维、观念、手段和语言，都对景观的发展起到了直接或间接的推动作用，而许多景观设计师也在试图通过对艺术的了解、挖掘，来寻找创新景观设计的道路。同时，当代景观的发展已不仅仅只满足于狭隘的学科界限，从艺术的视角来理解和设计景观，以及寻求景观表现方式的交叉性探索，更是在结合人文科学、

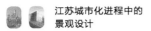

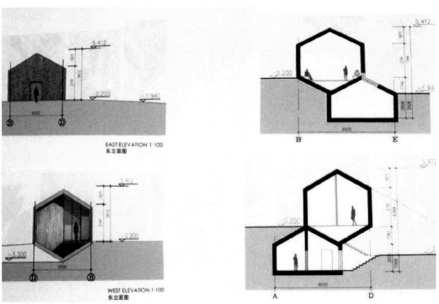

图 4.3　古陶博物馆，艾未未，2004

图片来源：吕恒中．金华建筑艺术公园设计师艾未未访谈 [J]．时代建筑，2006(1)．

自然科学、技术科学的基础上，极大地扩展了景观空间和景观领域。中国现在亟需的是更多真正的创作作品与在艺术语言上有建树的当代艺术家，而不是造成当代艺术混乱状态的种种哗众取宠的行为。

4.1.2 景观艺术与科学技术之间的矛盾

科学，自人类诞生之日起就与人类的生存和各种社会活动事项休戚相关。科学的不断发展为人类提供了坚实的物质基础，人类生存所需的各种物质条件通过不同的科学途径得以实现。艺术，则更多侧重于人的精神层面。为满足精神需求抑或情感表达等需要，人类有意或无意地创造出各种灿烂的艺术形式。"艺术就像科学一样，处身于和依赖于实存的世界，创造出思想和实践的另一天地。但与科学天地相反，艺术的天地是幻象、外观、显象的天地。"③ 科学带有较强的物质性，艺术则偏重于精神性，两者同是人类社会文明不可或缺的一部分，在人类社会的历史进程中携手共进。

随着现代材料技术、加工技术、环境科学技术的迅猛发展，现代景观已经逐渐变成艺术与科学技术日趋融合高度统一的产物。一方面是现代景观技术的艺术化。奥姆斯特德在哈佛大学的讲坛上讲道："'景观技术'是一种'美术'，其最重要的功能是为人类的活动环境创造'美观'……同时，还必须给予城市居民以舒适、便利和健康。在终日忙碌的城市居民生活中，缺乏自然提供的美丽景观和心情舒畅的声音，弥补这一缺陷是'景观技术'的使命。"④ 日新月异的现代景观技术是通过艺术化的手段和方式应用到庭院、广场、城市公园、户外空间系统、自然保护区、大地景观和景观的区域规划设计中的。另一方面是现代景观艺术的技术化。随着高新技术在景观领域中的广泛应用，景观艺术中的科技含量越来越高，景观创作理念和创作手法都因之发生了很大的变化。新材料、新技术、新设备、新观念为景观创作开辟了更加广阔的天地，既满足了人们对景观提出的不断发展的日益多样的需求，而且还赋予景观以崭新的面貌，改变了人们的审美意识，开创了直接欣赏技术的新境界，并最终成为一种具有时代特征的社会文化现象。

在 20 世纪 60 年代，西方的艺术设计领域形成了一场设计方法运动。这一现象产生的原因和科学技术的发展有直接关系。爱因斯坦说："我们时代的特征是工具完善与目标混乱。"⑤ 随着新的科学发现和技术进步，人类物质财富和精神财富都在急剧增长，面对纷繁的知识和手段，人们急需一种正确的方法对其加以精确控制和有效应用，经过几十年的发展，在设计领域，方法本身也最终成为一门学科——设计方法论。在景观工程实施中，景观设计师要负责对整个技术过程和结果的设计与控制，因此，设计活动具有十分重要的作用，这种活动所依赖的方法直接影响到工程实施的各个阶段。所以设计方法论是技术活动中不可缺少的一个环节，它关系到景观工程的成败。

理性主义者认为，正确的方法必然导致正确的结论，这是一个严密而精确的逻辑过程。理性的设计方法论带有明显的技术化特征，这种方法与现代化的生产方式有某种一致性。现代景观设计需要给予正确的科学知识、严格的程序和技术支持、各技术领域的交流与合作。在景观设计中，需要各方面的专家相互配合，任何优秀的景观设计作品都不可能是某个人的智慧和劳动结果。所以，现代景观设计不仅要考虑新材料、新技术，也同样要确定科学的、适宜的设计方法和程序。景观设计中的技术化方法，即把问题分解成要素的形式，作为基本的构件，再把这种构成按一定的方式组合，形成一个完整的方案。但是，如果景观设计仅仅依靠这种方法，很容易导致僵化，而利用自由的、独创性的、直观感性的方法可以有效地防止这种僵化，并且能创作出优秀的、与众不同的作品。景观设计方法的技术化最直接地表现在对模式的应用上。一个被广泛应用的方式从初始的模式入手，针对具体的景观项目或者地形要求加以变换，由原型或模式派生出各种景观作品，感性的、随机的灵感从起点开始就要受到模式的制约。

我们可以肯定，系统化的景观设计方法是无法代替知觉的。如果没有灵感、直觉和激情，景观设计师的工作就可以被计算机取代，按照理性的程序去完成。而事实上，即使那些理性主义的倡导者在设计实践中也不可能离开直觉和灵感，完全靠机械地操作去完成设计这一富于创造性的工作。

苏珊·朗格认为："所有表现形式的创造都是一种技术，所以艺术发展的一般进程与实际技艺——建筑、制陶、纺织、雕刻以及通常文明人难以理解其重要性的巫术活动——紧密相关。技术是创造表现形式的手段，是创造感觉符号的手段。技术过程是达到以上目的而对人类技能的某种应用。"[6]景观设计的产生是艺术与科学技术进一步整合的产物，其发展又要求艺术与科学技术的进一步整合，在更深的层次上取得统一。

艺术与科学的整合最具现代性和革命意义的事件是电脑进入设计领域。自 20 世纪 80 年代以来，电脑逐渐成为设计的主要工具，它导致了一场深刻的设计革命。这场革命，其价值和意义表现在许多方面：首先，景观设计师的设计室越来越自动化，设计师使用电脑在设计创作过程中可以随时对作品进行修改。同时，电脑技术也使艺术形式不再受技巧的限制，电脑似乎有能力按需要绘制任何形象，无论是整体的还是局部的，侧面的还是横截面的；设计所需要的平面图形和立体图形的任意转换和并存方式，使复杂设计趋于简单。电脑制图具有一系列优点，比如：所见即所得、迅速的复制、方便的撤销命令、通过网络合作提高工作效率和模拟现实的强大能力等等，使得景观设计师乐于使用这些技术。我们实实在在地感受到数字化所带来的便利，计算机辅助设计现在也已经成了主流的设计方式。另外，新技术的产生和发展不仅带来了物质性的变化，也使人们的思维发生了改变。在电脑所建构的信息空间中，设计师与设计对象、设计之物与非物质设计、功能性与物质性、表现与再现、真实空间与信息空间的诸多关系发生了变化，产生了一种全新的关系和设计观念，从某种角度来说也改变了景观的面貌。虽然景观设计师在使用电脑和程序制作图像、设计作品时并没有意识到信息空间中形象的产生和获得与传统的手工绘制形象有多么大的差别，但实际上电子空间中创建和生成形象的中介方式，也就是虚拟方式的产生和存在对于人类而言其意义是极为深刻的。它既是人类有史以来的又一次中介方式的革命和生存方式的革命，也是人类艺术设计方式的一次革命。

科学技术是人类文明的经验和实践经验的积累，它在物质化的同时，也在被精神化和审美化。"当技术完成其使命时，就升华为艺术。"⑦密斯的这句名言是指建筑技术的逻辑性、合理性内容作为独立体系可以直接参与审美，同理它也适用于景观。传统景观的亭、台、楼、榭、廊、桥等运用砖、石、木等传统材料和传统技术建造，其构成体系体现了传统景观技术的本体美。现代景观设计受到新材料技术、加工技术、环境科学技术，以及当代美学、现代艺术和现代建筑理论的影响，传统景观的服务对象及目的已经完全改变，同时人们的生活水平、生活方式、审美习惯等的改变对景观环境有了新的要求，需要新的功能来满足人们的这一需求。这些都使得当代景观在各个方面都区别于传统的景观环境设计，使现代景观设计和营造不可避免地发生了转型和变化，越来越显示出明显的技术发展趋势，新技术成为景观设计师的灵感源泉和完成设计的手段，现代景观呈现出与传统景观迥然不同的面貌。

现代景观设计师对传统景观观念进行了变革，他们在景观设计中大胆地运用金属、玻璃、橡胶、塑料、纤维织物、涂料等新材料和灌溉喷洒、夜景照明、材料加工、植物栽培等新技术和新方法，极大地拓展和丰富了环境景观的概念和表现方法，特别是使用多种媒介体，以及带有实验性质的探索，使得现代景观作品面貌一新。玻璃与透明塑料不仅有独特的物理性能，还能创造新奇的视觉景象。不是出于巧合，而是由于技术上提供的可能，在景观、建筑、服装、平面设计等各个领域，都出现了一种走向透明的趋势，似乎可以被认为是社会走向非物质的一种象征，也隐喻着在科学与技术面前，世界是透明的、可操控的。许多成功的项目证明，目前的科技水平可以使景观建筑协同地达到多种目标。例如，在威斯康星州建成的 S. C. Johnson 公司的23 000 余平方米的世界专业人才总部大楼，因为使用了多项新技术和新材料，做到了节约一半能源、防止污染、减少危险性和废弃物、接近零净水使用和恢复周边地区的生物多样性。大楼适当的成行排列，借助诸如曲面光架、光导管、新金属材料和玻璃幕墙之类的技术，可以提供遍及大楼各处的不耀眼的自然光线。无论天气如何，只要太阳还在地平线上，就很少需要人工照明。电灯会按照日光情况自动地暗下来或者关掉，除非用手动方式来消除自动控制的作用。较少的电灯照明可以使它在大楼中产生的热量减少，从而减少对空调的需要。据研究表明，学生们在这些提供日光照明的教室里注意力会更加集中，身体会更健康，而且考试成绩也会有明显的提高。⑧

随着与其他门类艺术和学科的交流日渐增多，现代景观开始呈现出丰富多彩的形式，并且开始向多元化方向发展。现代景观需要多方面的技术给予支持，技术可以使得景观的各种功能更易于实现，让设计获得更大的自由，能够作为符号传达功能之外的更多的情感和个性信息，这也正是那些追求高技术情感倾向的景观设计师们孜孜以求的；同时技术也为现代景观设计提供了更多观念上的影响和启发。作为20世纪后期现代景观艺术的标志性人物，拥有景观建筑师、艺术家双重身份的玛莎·施瓦茨认为，景观设计是一个与其他视觉艺术相关的艺术形式，景观作为文化的人工制品，应该用现代的材料建造，而且反映现代社会的需要和价值。她的一个设计作品是将灌溉喷洒系统变成一个个动态雕塑，它们像果树林一样整齐地排列着，高高的"树干"颠倒装着喷嘴，与附近的棕榈树遥相呼应，构成了与众不同的水景环境。玛莎·施瓦茨是当今景观设计界的一位颇有争议的人物，她的面包圈园、轮胎糖果园都是对传统景观形式与材料的嘲讽与背弃。她设计的"怀特海德学院拼合园"是从基因重组中得到启发，认为不同的园林原型可以像基因重组创造出新物质一样，拼合出新型的园林景观。按此构思，体现自然永恒美的日本园林与展现人工几何美的法国园林被基因重组为全新的拼合园，造园的主要材料是塑料和砂子，所有植物都用塑料代替，沙子完全涂成绿色。这件有意味的形式的作品，在传统和现实之间建立了一种对话，是对传统艺术的反讽，又是对现实生活的调侃。

新材料和新技术带给我们的不仅是崭新的、动感的视觉形象和审美体验，同时也能带来实际的利益。它可以有助于减少工序、原材料和成本，用更简单和更便宜的投入使工艺过程得到更好的效果。例如，使用多彩人造草坪取代草和计算机控制的水系统，不仅能创造动人的景观效果，而且操作轻松，可以减少大量的资源浪费。一些轻质材料和产品方便搬移、易于清洗，非常适合临时的和经常需要变化的景观。新材料和新技术的许多审美上的和实际上的优点使自己成为现代景观的重要组成部分。

随着近些年中国环境问题的愈加严重，尤其是肆虐的沙尘暴、污浊的空气、恶臭的蓝藻、漫天的暴雪和洪涝灾害等频繁发生，让公众和政府不得不正视中国环境日益恶化的问题。虽然我国政府在环境问题方面不断加强整治力度，在治理滥砍滥伐、空气污染和水污染等方面取得了一定的成效。但由于人口数量的不断增加、经济的飞速增长、城市化进程的不断加速，环境问题依然令人担忧。世界银行在 2001 年出版的《中国：气、土、水》中指出：在全球化视野下，中国已经成为世界上最大的污染者之一，正在全球范围内造成巨大的环境影响。

环境污染带来的问题给我们敲响了警钟，当代江苏景观以生态学途径为指导，以功能、经济、效益、技术、社会性为评价体系，十分强调景观设计的科学性。生态设计以"理性"和"技术"为工具，以宏观的角度来思考和探索的设计思维，对于当代江苏的景观设计是十分必要的，但是我们不能因为景观设计中对生态的强调，而漠视了与科学共生的、使生活饱满的、从感性上体验自然和人生的韵味诗意的艺术，从而使艺术与科学技术处于分离的状态。因为，无论我们如何强调科学技术的重要性，都无法回避景观设计中对"美"的原始追求，艺术的美学因素作为其最重要的因素，它是贮存于一定的审美形式即艺术形式之中的东西，这不是附加的可有可无的，它是一个中介和通道，通过艺术的美的形式而唤起、激发人的情感，并使这种情感与城市的发展相联系，"意境"和"形式"依然是景观设计师需要面对的问题。景观设计师是问题的解决人，但是景观上的问题就如我们社会的问题一样，远远比所谓"实用"的水平要深奥得多。一处景观除了确保安全性和可靠性外还应该强调上述的精神因素。

艺术与科学虽然在精神和物质属性上有所偏重，但在本质上具有统一性。千百年来，艺术与科学总是结合在一起共同前进，科学是艺术存在的根基，艺术也在科学的不断革新中逐步成长。吴良镛先生在谈到景观设计与科学技术的关系时认为，"传统的造园设计为'软'学科，这些学科传统要和生态、技术等'硬'学科衔接，以充实和科学化，而对于'硬'学科，却要逐步通过文化、艺术来改造与融合，使其变'软'，变为一般原则，为更多的人所理解和接受。"⑨当代江苏的景观设计处在一个调和艺术与科学之间矛盾的尝试阶段，要想取得更进一步的突破与发展，就应当建立在艺术与科学更高层次上的整合之中。

4.1.3 景观专业学科的不完善

1951年，由清华大学的梁思成、吴良镛先生和北京农业大学的汪菊渊先生共同发起，并由两校联合组建的"造园专业"，是我国当代景观教育的开端。此后，景观教育发展迅速，学科和专业点快速增长，分布院校范围不断扩大。目前，国内对景观的研究包含有林学、农学、建筑学、艺术学、文化学、旅游学、史学等多个研究领域。其中最主要的研究领域分布在以下三个方面：

首先，我国景观专业最初主要在农林院校开设，这些研究团体包括北京林业大学、南京林业大学、中国农业大学、南京农业大学、西北农业科技大学、华中农业大学、山东农业大学等高校中的景观研究者。对于农、林学领域的研究者，他们十分注重在植物区划、植物生态、植物造景、种植设计等方面的探索，强调景观植物的栽培和植物之间的配置研究，然而对植物与建筑之间的配置研究很少涉及，对追求作品的整体视觉效果上探索不多。

其次，建筑类工科院校在农林院校之后也逐渐设置了景观专业，这些研究团体包括清华大学、东南大学、同济大学、天津大学、哈尔滨建筑大学、华南理工大学、重庆建筑大学、西安建筑科技大学等高校中的景观研究者。对于建筑学领域的研究者，他们在进行景观探索时有着得天独厚的条件。建筑师通过沿用建筑学知识，在景观设计中非常注重功能的合理性和整体性，设计作品都表现得十分理性。比如在对人的行为与心理、形体塑造语言的把握、多因素之间的协调能力等方面上，建筑师都有着很深的研究。但是相对而言，景观还包括了许多自身相对独立的理论基础，可这些建筑学领域却涉及不深，甚至没有涉足的。第一，艺术视觉的缺乏。建筑师容易只注重空间结构和功能布局，而对艺术表现的把握能力不强，导致景观作品视觉冲击力不强。第二，植物知识的缺乏。建筑师缺少对植物资源、创新和多样性的了解，缺少对植物配置与应用以及植物生态效益的掌握。第三，生态知识的缺乏。生态学描述了人类介入自然界的限度和条件，这个条件和限度最终决定了景观的开发方向、政策和力度。但是这种平衡又是动态的，和超高层的建筑一样，虽左右摇摆，但只要没有超过一定的度，终不会倾倒。对生态没有研究的人往往在开发时对自然的这个"度"无法把握，最终导致死守"平衡"，如此设计出来的景观就显得刚性太强反而容易崩溃。

最后，1999年之后，开设景观专业的院校数量剧增，一些艺术类院校和综合性大学也开始设置该专业。对于艺术学领域的研究者，他们能够通过运用不同材料的组合，产生景观整体的视觉效果。但是，这些院校在对艺术的认识上会首先将景观置于一个纯艺术的位置，往往缺少艺术研究与实践相结合的环节，造成理论脱离实际，致使景观艺术的教育要么仅仅成为课程中的技法训练，要么就成为艺术家的美好愿景甚或一纸空谈。在这种知识结构的支配下所培养出来的人才，十分强调景观艺术的审美娱乐功能，而忽视了其最重要的两个基本功能：一是，景观设计是为了实现景观环境的持续存在与发展的。二是，景观设计的最终目的是为人服务的。

综上所述，可以发现中国至今仍然没有全面完整的景观学科专业教育，缺少融合相关学科的知识并结合实践所形成的学科理论与科学技术体系。具有综合协调能力的全才、通才队伍不够强大，特别是缺乏在艺术审美、规划设计、植物生态和人文自然均具高深造诣的领军人物，对学科发展方向的驾驭能力偏弱，因此，多年来不断陷入各擅专长的专家之间的论争。这一切不仅扰乱了社会对学科的认知，也直接造成了景观设计在国内出现的诸多问题，严重阻碍了江苏城乡环境建设的保护和发展。

4.2 江苏城市化进程中景观设计的选择与使命

对江苏城市化进程中景观的发展现状进行分析之后，我们能够更加明确自身的选择与使命。江苏的景观设计不能简单地归为"修建性"的规划与美化，而应该是建立在艺术化思想基础上的全面重组与再造，具有动态、多样、综合的效应，才能实现多重设计目标。

艺术以其自身的发展规律演变到今天，它几乎深入到了人类心灵和思维的各个方面，并通过艺术家的实践，产生了大量的艺术观念、艺术思想和艺术语言，这本身就是一个具有巨大潜能的思想宝库，它远比那些只是被用于单纯的绘画技法的训练为目的"艺术"要深刻得多。马可·第亚尼（Marco Diani）认为，在后工业时代，设计已成为"连接艺术世界和技术世界的边缘领域"。蒙蒂尼（Alessando Mendini）认为设计活动是在追求"种种能引起诗意反应的物品"。⑩ 在过去的 20 世纪，艺术的大发展依赖着同时代技术的发展，景观艺术也因此有面目一新的新成就，这些新成就奠定着下一个世纪的艺术及景观设计的走向。倘若希望此走向有更高成就，就必须遵循其基本规律：双方不断地融合、共生和对话。

当代艺术就是对现实的一种反映，或者说是对现实的一种态度，所以它自然对现实的方方面面，以及与我们当下发生的这一切都很贴近，是一种同步的行为。艺术家不应该是高高在上的，或者说不应该是一种忘情的，这种忘情很超然，永远凌驾于社会的现状之上。艺术是跟社会共融的，或者说是贴近的，它可能更敏锐，它把社会的任何一个很敏锐的点，通过它的一个形式表现出来，引起大家的共鸣，这是艺术的特点，也是当代艺术的一个亮点。

当代艺术在当代景观设计中，不应该成为最后的摆设和点缀，艺术对景观设计而言，也不只是一种形式语言借鉴的来源，更多的是一种思维方式的转变。在当今遭遇民族身份危机和景观同质化的情况下，艺术作为一种思想工具，在景观设计的创新中应该发挥它应有的魅力。

众所周知，创新是艺术的根本价值，所以艺术在当代景观中的体现，不能仅仅是一种形式语言借鉴的来源，更多的应该是一种思维观念的转变。当代艺术界纷繁复杂的艺术现象和当代景观界全球同质化现象形成了鲜明的对比，许多艺术家和景观设计师试图改变这种现状，通过将不同地域、不同风格的艺术观念和语言运用到设计之中，并创作了一些优秀的作品。但是，杰出的景观设计作品绝非概念、语言和设计简单相加的一个过程。艺术概念和艺术语言在景观设计中的运用，应该遵循以下三大原则。

4.2.1 遵循美术观念

美术，是一种视觉语言，也是一种社会意识形态，同时也是一种"美之术"，即物化美的一种技术。美术不只是单纯的专业技能和技巧的一技之长，而是应涉及更为广泛的美术文化，是通过美术对人文精神的寻思和终极追求。景观是我们思维方式的一个体现。江苏当代的大地景观是什么？笔者认为其实就是解剖完之后当代大众心里面的风景，所以城市的混乱、粗陋的形态就是人们内心的荒芜；江河的破裂、污染，就是我们自身的疮痍。实际上，广泛的景观是涉及人文科学、自然科学、技术科学的，所以从这个角度，设计师不建设自身，没有一种真、善，最后的那个美一定是走样的、扭曲的。

在美术这一视野下，多元综合的艺术观念和语言带给当代景观设计的启发，以及两者之间的互动因素是多方面的。美术不仅在形式的层面上丰富着当代景观设计的样态，而且在观念和意义的层面上也拓展着当代景观设计的表现空间。它不断地促使设计师用不同的角度来观察世界，并激励设计师营造出独具特色的景观。艺术家的作品是出于一种切切实实的感觉，出于一种想要洞察和理解同人类意识有关的现实的强烈愿望。换句话说，就是探求真理。传统艺术过去一直满足于接受和欣赏外表，但是对于现代艺术和当代艺术那种追求本源的精神来说，这点是不够的，艺术家们的不满足感，使他们更深入地探讨我们对于周围世界的看法的实质。当代景观设计的任务不再是模仿自然，甚至也不再是解释自然。它是用来加强我们的情感的，同时要给予设计新的力量，以使我们与自然更密切地结合起来。

艺术创作是艺术家的艺术体验经过艺术构思，用艺术语言进行了艺术传达，观众通过艺术鉴赏等参与行为，就与艺术家产生艺术情感的共鸣。各艺术门类之间本来就存在"同构现象"。前人很早就研究了各艺术门类的同构现象，比如 18 世纪，英国景观设计师将风景画家克劳德·洛朗、尼古拉斯·普桑和霍贝玛的绘画当作他们模仿的原型。可以说，没有风景画派的发展，就不会有英国景观学派的诞生。20 世纪，巴西景观设计师布雷·马克斯的绘画和景观设计充分体现了这两个领域密切相关而又相似的成就与风格。相类似的，在当代景观设计师之中，玛莎·施瓦茨就是受到来自波普艺术的启发，她跨越了艺术与设计的界限，创造了神奇的超现实场所。

4.2.2 遵循艺术概念与景观功能相结合的原则

国外从现代艺术到当代艺术的发展历经一个世纪，艺术流派和艺术现象纷繁，艺术理论和艺术主张层出不穷，取得的成果令人瞩目；与此同时，景观艺术也走过了一个多世纪的实践和探索之路，形成了当代多元共存的格局。纵观古今，艺术和景观在发展中都不断相互影响、相互借鉴，随着经济、政治、文化的不断变化，景观设计的目的在历史上曾历经多次变革。在传统景观的价值体系中，艺术审美是其价值的主要评价标准，再现自然是传统景观的主要追求，因此，传统景观的价值体系是基于"艺术审美"的一元价值体系。

现代主义的发展，使设计师开始关注景观的社会要素。奥姆斯特德说过："景观是一门艺术，它在解决实际问题之外，还具有特殊的价值和含义。"[11] 19世纪末，在设计纽约中央公园时，他首次提出景观设计的目的是为了给公众创造身心再生的场所。20世纪30年代，"哈佛革命"又推进了景观的功能主义，三位哈佛大学设计学院的学生，盖瑞特·埃克博、丹·凯利和詹姆斯·罗斯分别从不同角度推进了景观的社会功能性。埃克博强调了景观设计在社会生活中的功能和作用；丹·凯利认为设计是生活本身的映射，对功能的追求才会产生真正艺术；罗斯则信奉路易·沙利文的名言"形式追随功能"，他十分重视空间的实用性。"哈佛革命"之后，景观价值的社会性被提高到价值体系的顶端，现代景观设计学初期就确立了"美学、社会"的二元价值体系。

20世纪70年代初，随着城市化的巨大发展与全球工业化进程的加深，造成世界各国都面临不同程度的景观危机。城市内的土地不断被造型凌乱、缺乏特色的建筑所覆盖，景观也趋向同质化，使得世界各国的地方特色和民族特色在不同程度上衰微甚至消失殆尽。在这种情况下，麦克哈格（Ian McHarg，1920—2001）于 1969 年出版了《设计结合自然》，他创立的生态学途径"千层饼"模式使景观生态学的应用有了具体可操作的方式。景观设计建立在艺术与科学的整合基础之上，具有持续发展意义。约翰·O.西蒙兹认为："景观设计师的终生目标和工作就是帮助人类，使人、建筑物、社区、城市以及他们的生活，同生活的地球和谐相关。"[12] 景观设计在利用自然资源、改变环境过程中，自然和人为之间不再彼此对立，而是互相融合。现存的场所通过人为的介入符合多重目的需求，因此而变得更加完美。至此，当代景观建立了以社会、生态、美学的三价体系，并且也成为大多数院校的景观教学的价值体系。当代景观学越来越呈现出如下发展态势：一方面学科内部分工细化，另一方面学科与学科之间交叉与综合日趋明显。多学科的整合研究，景观建筑师需要有广阔的视野、不囿于门类知识的限制，具有将不同专业知识整合起来解决实际问题的能力。事实上，当设计师从美学、社会、生态的三个主要领域的任何一个撤出时，他们面对的结果都是理论和实践的分离，这不仅造成设计方案构思深度的缺失，更会因为缺少研究而影响设计的进一步发展，至于科学化的景观规划设计更是无从谈起。

景观设计绝不仅限于满足功能，当代艺术也绝不只关注形式。在当代物质背景下，人对于精神的渴望与追求，是任何单一的形式或内容都不能解决的。2008 年 5 月 12 日，中国汶川发生 8.0 级大地震。在房屋倒塌率高达 93% 的民乐村废墟上，聚集在此的艺术家们试图用自己的理想和希望，重建起新的住房、新的社区、新的生活。每个参与者都在寻找一个共同的解决方案：如何用最便宜的方式，为最贫苦的人建造一个可以庇护生命和财产，同时又美观而具有景观建筑学上创新型意义的居所。

通过民主投票的方式，村民们最终在 12 个方案中选择了由车飞主持的"魔方"方案。在车飞的设计理念中，所谓"魔方"其实是一种简易可变的居住空间模式，力图在外部集中援建与村民自主参与之间找到一种平衡。在该设计方案中，"震后造家"只提供框架与基础，由农户自行完成围合以及可能的结构加建部分，村民可以在限定边界内进行自主设计；同时，由于改变了过去传统的庭院结构，创造出一种量化的功能性空间组合，能够增强社会环境的开放式互动。

"这个'魔方'其实就是我自己设计的一套规则。它由很多'块'（指单个 10 米 × 23 米的双拼结构）组成，每个'块'7 000 块钱，都具有各自不同的功能，非常简单有效，且便于理解和掌握。实际上，'块'本身并不重要，关键在于它并非一个由设计师提供的固定方案，而是从实际操作角度提供的一种简单模型，村民可以自己操作和摆设这些'块'，最后形成自己的方案。"车飞进一步解释说，"随着社会的不断发展进步，人们的自我意识和民主意识也在觉醒，他们希望自由选择自己的家园建设方案，同时也要对自己的选择负责。"[13] 就这样，在一种简单形象且易于操作的设计理念下，民乐村的每位村民都成为了"震后造家"活动的参与者和实施者。

从设计师的作品中不难看出他们对艺术引导社会的设计理想，以及对景观的社会性的关注与强调。通过他们的设计作品，我们认识到：在造型和功能以外，景观还有极为宽广的活动空间，这些都是需要以一种艺术的精神去探究和发掘的。

4.2.3 遵循艺术创新的宗旨

人类艺术发展史既是一部人类精神演变史，也是一部艺术媒介变迁史。文明的发展不仅给艺术家带来了新的生命课题，也给艺术家提供了新的创作手段。随着各种新的科学手段特别是计算机技术的应用，当代艺术越来越突破了视觉感知的范畴，而向包括听觉、触觉、嗅觉和味觉在内的所有感知领域发展。

创新是人类社会发展和进步的永恒主题，创新是民族进步的灵魂，也是国家兴旺发达的持久动力。创新思维是创新的关键。创新思维是一种新方式、新方向、新角度，用以处理某种事物的思维过程，它与一般思维最大的不同在于它具有思维的独特性、灵活性、敏感性和多向性等。创新思维是多种思维的结晶，是多种思维协同的统一。所以艺术的创新思维常会给人们带来崭新的思考、崭新的观点和意想不到的结果，从而使景观设计呈现多元化的创新局面。

斯坦戈斯曾说过："在艺术上，古典的传统在所有的方面都受到了挑战。这挑战本身，或者对挑战的陶醉感，对艺术家来说也成了一种充满活力的刺激。"[14]无论现代景观设计是出于何种目的开始的，审美需求都是一个无法回避的设计任务。景观环境设计始终要追求怡人的视觉景观效果，目的在于为人们创造可观、可游、可参与其中的人居环境，为人们提供轻松舒适的自然化空间，为人们营造诗意的环境。研究审美受众的审美心理就会发现，景观同质化现象不但使地域文化消失，而且也会引起审美疲劳。艺术对意识的影响反映了艺术家对社会、文化和政治变化的思想。艺术创新的出现被一些艺术家慎重地当作工具运用，有助于他们更好地理解天地万物的动态和艺术对意识在每一个方面的影响——感情的、直觉的、精神的、伦理的和心理的。

处于社会转型与文化迷茫、价值观多元阶段的江苏景观界，其缺乏创新性是有多种原因的。景观设计创新首先就是理论创新。当前景观设计缺乏现代理论指导，以景观欣赏理论指导景观设计屡见不鲜。到目前为止，景观学科仍然缺少景观设计原理教材或者权威的理论专著，导致一些设计师对于中西方庞大、繁杂的理论与思潮，往往显得无所适从，对于设计作品缺乏一种鉴别力来区分良莠。

与此同时，在实践中，面对高速城市化进程中的巨大建设市场需求，专业人员大多忙于应对，无暇顾及传统文脉的创新、继承与弘扬，只能对西方景观抄袭拼凑，对古典园林生搬硬套，对某些设计潮流盲目跟风……这使得我国各地都出现了许多缺乏艺术品位和文化内涵的景观设计作品，城市建设出现了前所未有的"特色"危机。

艺术史不需要重复的东西，创新是人类文明的永恒追求。在当下中国林林总总、形形色色的景观艺术形态中，无论采用什么创作语言，还是表达什么艺术主题；无论是探寻宇宙自然的奥秘，还是表现人与人之间的种种关系，抑或揭示人类灵魂与肉体的矛盾；无论是历史追忆，还是现实关照，抑或未来展望；那些传达了人本主义、理性主义和普适主义的精神内涵，表达了工业化、城市化和全球化时代所需要的理性与秩序、自由与平等的价值倾向的艺术创作一定称得上是中国当代艺术，而艺术家成就的高低永远取决于艺术语言的独特与精致、人性探索的深度与高度。

回顾西方景观的历史，其中的艺术创新是绵延不绝的，历史的积淀也提供了许多景观创作的艺术手法。例如，勒·诺特运用宏大的轴线产生的对称、均衡、比例和秩序的方式创造出了辉煌的古典主义景观，这样运用轴线和几何形式的艺术手法在彼得·沃克的当代作品中仍然存在。其次，现代艺术例如印象主义、立体主义、达达主义不断打破传统的束缚和规范，改变了设计的审美标准，开创了现代景观设计的新篇章。再者，当代艺术例如波普艺术、极少主义艺术、大地艺术和观念艺术带给我们重新认识世界的思想，冲击着景观设计构思中原有的框架，其表现力是丰富而深刻的，艺术的不断创新刺激了景观设计师创造出前卫的、具有挑战性的和令人兴奋的景观作品。西方当代景观设计师不断汲取当代艺术的精华，强调个人的心理、追求和情感的表达是艺术创新的结果，其重在诠释艺术家个人观念的创作方式对于江苏景观设计的实践而言，是非常具有借鉴价值的。

【注释】

① 城镇化工作会议. 人民日报 [N].2017-12-15(1).

② 吕恒中. 金华建筑艺术公园设计师艾未未访谈 [J]. 时代建筑，2006(1)：46-65.

③ 赫伯特·马尔库塞. 审美之维 [M]. 李小兵，译. 北京：生活·读书·新知三联书店，1989：101.

④ 马克·特雷布. 现代景观：一次批判性的回顾 [M]. 丁力扬，译. 北京：中国建筑工业出版社，2008.

⑤ HILBERSEIMER L. Contemporary Architecture, Its Roots and Trends [M]. Chicago: Theobald, 1964：202.

⑥ 苏珊·郎格. 情感与形式 [M]. 北京：中国社会科学出版社，1986.

⑦ 刘先觉. 密斯·凡德罗 [M]. 北京：中国建筑工业出版社，1992：220.

⑧ 保罗·霍肯，埃默里·洛文斯，亨特·洛文斯. 自然资本论：关于下一次工业革命 [M]. 王乃粒，诸大建，龚义台，译. 上海：上海科学普及出版社，2002：115.

⑨ 吴良镛.关于园林学重组与专业教育的思考 [J].中国园林，2010，26(1)：27-33.

⑩ 马克·第亚尼.非物质社会：后工业世界的设计、文化和技术 [M].滕守尧，译.成都：四川人民出版社，1998：233.

⑪ 保罗·拉索.图解思考：建筑表现技法 [M].邱贤丰，刘宇光，郭建青，译.北京：中国建筑工业出版社，1998：3.

⑫ 西蒙兹，斯塔克.景观设计学：场地规划与设计手册 [M].朱强，等译.北京：中国建筑工业出版社，2009：56.

⑬ 车飞.灾后重建的第三种方式：进入社会 [J].建筑技艺，2010(22)：70-73.

⑭ 尼古斯·斯坦戈斯.现代艺术观念 [M].侯瀚如，译.成都：四川美术出版社，1988：58.

5

第 章

以苏州相城阳澄湖
生态旅游度假区
景观策略研究为例

5.1 度假区现状和基础资料分析

5.1.1 自然与社会概况

苏州相城区阳澄湖生态旅游度假区（简称"度假区"）位于苏州古城东北部，东邻昆山，南连苏州工业园区，西靠无锡，北接常熟。度假区以前隶属于阳澄湖镇行政辖区范围，2013 年 1 月由江苏省政府正式批复"省级旅游度假区"。全区总用地面积 61.72 平方公里（含区内阳澄湖水面 43.02 平方公里），主要由"莲花岛"和"美人腿"两大区

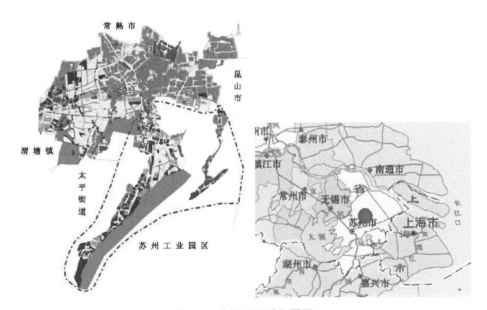

图 5.1　度假区区域位置图

图片来源：江苏省规划局

域组成，辖 5 个村和 1 个社区，人口 13 100 人。度假区基本保存了阳澄湖地区原生态状态和江南水乡风情，是长三角地区保存的最后一块最具旅游开发价值、弥足珍贵的"处女地"。（图 5.1）

5.1.2 旅游资源现状分析

（1）旅游资源概况

苏州市阳澄湖生态休闲旅游度假区规划范围内自然环境优越，人文底蕴深厚，拥有湖、岛、蟹、田、寺等自然和人文旅游资源。在自然景观上，湖与岛有机结合，两座岛屿形态独特，形似"美人腿"和"盛开的莲花"伸入湖中，将 12 000 公顷的湖面划分为东、中、西三个湖。湖中蓄水量大、水质优越，岛上良田遍布，民居、佛寺点缀其间，极好地保持了人与自然之间的和谐关系。湖中物产丰富，尤其以阳澄湖大闸蟹为龙头的湖八鲜在国内外都拥有极高的知名度。

（2）旅游资源类型

根据《旅游资源分类、调查与评价》中华人民共和国国家标准（GB／T 18972–2003）确定的旅游资源分类体系，对阳澄湖生态休闲旅游度假区主要旅游资源进行分类，列表如下。（表 5.1）

表5.1　旅游资源统计表

主类	亚类	基本类型	资源分布
A 地文景观	AE 岛礁	AEA 岛区	莲花岛、美人腿半岛
B 水域风光	BB 天然湖泊与池沼	BBA 观光游憩湖区	阳澄湖东湖、阳澄湖中湖、阳澄湖西湖
		BBB 沼泽与湿地	湿地公园

主类	亚类	基本类型	资源分布
C 生物景观	CC 花卉地	CCA 草场花卉地	向日葵区、油菜花区
	CD 野生动物栖息地	CDA 水生动物栖息地	阳澄湖鱼类、蟹类栖息地
		CDC 鸟类栖息地	阳澄湖候鸟栖息地
E 遗址遗迹	EB 社会经济文化活动遗址遗迹	EBB 军事遗址与古战场	下营田（韩世忠练兵处）、阳澄村（吴王夫差阅兵处）、洋沟溇村（洋沟溇战斗）
F 建筑与设施	FA 综合人文旅游地	FAA 教学科研实验场所	污水处理花园
		FAB 康体游乐休闲度假地	垂钓休闲中心
		FAC 宗教与祭祀活动场所	皇罗禅寺、药师庙
		FAD 园林游憩区域	清水生态园、紫荆公园、阳澄湖公园、伞房决明公园
		FAG 社会与商贸活动场所	清水湾蟹庄、蟹王市场
		FAH 动物与植物展示地	春晖香草园、蟹天堂传统农业观光园
		FAK 景物观赏点	风车阵、牛打水
	FB 单体活动场馆	FBC 展示演示场馆	忆园
	FD 居住地与社区	FDA 传统与乡土建筑	江南水乡民居
		FDB 特色街巷	老街
		FDD 名人故居与历史纪念建筑	莲花居、莲花书屋
	FF 交通建筑	FFC 港口渡口与码头	莲花岛码头、月亮湾码头

续表

主类	亚类	基本类型	资源分布
G 旅游商品	GA 地方旅游商品	GAC 水产品与制品	湖八鲜
H 人文活动	HA 人事记录	HAA 人物	范仲淹、夫差、韩世忠、沈周、钱中谐、钱棨、申时行、沈德潜
		HAB 事件	范仲淹治水、夫差阅兵、韩世忠抗金、钱中谐两捷登科与"奎壁凝辉"太平军迎战洋枪队、洋沟溇战斗、钱棨连中三元、"观前港"与"筠殿观"的故事
	HC 民间习俗	HCA 地方风俗与民间礼仪	水乡生活方式、生产方式、民俗风情、婚俗礼仪
		HCC 民间演艺	阳澄渔歌
		HCE 宗教活动	进香礼佛
		HCG 饮食习俗	品蟹
		HGH 特色服饰	水乡服饰
	HD 现代节庆	HDA 旅游节	阳澄湖畔·油菜花节（3～4 月）、阳澄湖旅游节（9～10 月）
7	13	28	63

（3）旅游资源数量结构和类型特征分析

阳澄湖生态休闲旅游度假区旅游资源共有 7 个主类，占国家标准中所列全国旅游资源 8 个主类的 87.5%，其中 13 个亚类占全国 31 个亚

类的 41.9%，而 28 个基本类型占全国 155 个基本类型的 18.1%，可以
说，同全国旅游资源类型相比较，阳澄湖生态休闲旅游度假区在资源
"主类"的丰富度上，具有较好的类型效应，而在资源"亚类"上数量
偏少，在资源"基本类型"上数量则更为缺乏，这说明其资源特色较
为明显和集中。（表 5.2、5.3）

表 5.2　旅游资源结构表

	主类（个）	亚类（个）	基本类型（个）
阳澄湖总量	7	13	28
全国总量	8	31	155
所占比例	87.5%	41.9%	18.1%

表 5.3　旅游资源类型比例表

	地文景观	水域风光	生物景观	天象与气候景观	遗址遗迹	建筑与设施	旅游商品	人文活动
全国亚类	5	6	4	2	2	7	1	4
度假区亚类	1	1	2	0	1	4	1	3
全国基本类型	37	15	11	8	12	49	7	16
度假区基本类型	1	2	3	0	1	12	1	8
亚类比例	20%	17%	50%	0%	50%	57%	100%	75%
基本类型比例	3%	13%	27%	0%	8%	24%	14%	50%

（4）旅游资源分析结论

从度假区旅游资源的类型结构来看，资源"主类"比较丰富；资源"亚类"数量偏少，主要集中在旅游商品、人文活动、建筑与设施等方面；资源"基本类型"占全国资源"基本类型"比例较低，主要集中在人文活动、建筑与设施、生物景观等方面。

从旅游资源性质来看，人文活动、建筑与设施类的资源数量占优势，说明度假区虽然自然面积较大，但自然资源种类较为单调，丰富度不够。

第一，旅游资源禀赋良好，特色突出。区内三湖二岛的空间结构极为独特，形成了丰富的水域景观空间，湖中水质澄清，岛上生态环境优越，自然资源和人文资源保存较好，具有较高的开发价值。特色资源大闸蟹已经蜚声海内外，成为度假区的标志性旅游品牌。

第二，旅游资源主类丰富，但基本类型数量不多，资源组合性一般。区内旅游资源共有 7 个主类、13 个亚类、28 个基本类型，自然人文兼备，但资源的基本类型和单体数量偏少。自然、人文类资源的分布较为集中，空间组合性一般，需要在现有资源开发的基础上丰富旅游产品的类型，从而增强吸引力。

第三，资源的开发潜力大，旅游后发优势明显。区内大部分旅游资源目前还处于待开发或初始开发阶段，开发成熟的景点不多，尤其历史文化资源开发不够，人文类资源占全国亚类 75%，占全国基本类型 50%，可谓十分丰富，但一些具有特色的民居、街巷、古桥和历史旅游资源并未得到有效开发，旅游资源的潜力未得到充分的发挥，未来开发潜力巨大。

第四，资源分布较为集中，但视觉景观较为单一。区内旅游资源主要集中在清水村和莲花岛，因而这两处旅游产值较高，其他区块资源较为稀少。湖岛景观虽然在总体上形成了良好的空间组合关系，但岛上目前缺乏具有较高观赏价值景观资源，对于滨湖观景点和观景廊道的开发也不够充分。

第五，资源开发和生态环境保护之间关系紧张。区内水域面积大，陆地面积小，岛上大部分用地被划为基本农田，可用于旅游开发的用地极为有限。以螃蟹为代表的水产品养殖对水质也有较高的要求，所以未来的陆地和水域资源的开发、景观建设与生态环境保护之间存在着不可避免的矛盾。

5.1.3 客源市场现状分析

（1）客源市场规模

根据调研统计，度假区 2009 年接待游客 80 万人；2010 年接待游客 90 万人；2011 年接待游客 110 万人；2012 年接待游客 120 万人；2013 年接待游客 130 万人。（表 5.4）

表 5.4　阳澄湖度假区、相城区接待游客量统计表（2009—2013 年）

	指标分解	2009 年	2010 年	2011 年	2012 年	2013 年
度假区	年接待游客（万人次）	80	90	110	120	130
	游客增长率（%）		12.5	22.2	9.1	8.3
相城区	年接待游客（万人次）	212.2	252.5	313.9	350.6	400.8
	游客增长率（%）	14.1	18.9	24.3	11.7	14.3

- 154 -

从游客量来看，近年来度假区旅游市场呈现出持续发展的良好态势。尤其是 2011 年以来，全年接待游客量持续突破百万人次，到 2013 年，度假区全年接待游客量已达到 130 万人次。对比度假区和相城区旅游统计数据可以发现，度假区年接待游客量增长率从 2012 年开始放缓，且未出现反弹态势，表明度假区旅游市场的拓展出现了一定的困难。

（2）客源市场结构

根据走访调研，目前度假区游客最主要来自苏州本地，尤其是工业园区；外地游客来源以江浙沪游客为主，其中上海游客占 70% 左右。客源淡旺季现象显著，根据 2011—2013 年度假区游客接待量统计，4 月至 5 月以及"蟹季"9 月下旬至 11 月份游客比较集中，游客主要的游览目的为品尝阳澄湖大闸蟹，附带农业观光和休闲度假。（表 5.5、图 5.2）

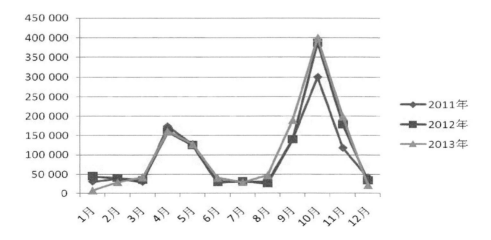

图 5.2　阳澄湖度假区月接待游客量变化趋势图（2011—2013 年）

表 5.5　阳澄湖度假区月接待游客量统计表（2011—2013 年）

（单位：人次）

	1 月	2 月	3 月	4 月	5 月	6 月	7 月	8 月	9 月	10 月	11 月	12 月
2011 年	31 000	40 000	30 000	174 000	127 600	33 000	32 000	30 900	141 500	300 000	118 000	42 000
2012 年	45 000	40 100	35 000	160 000	125 000	29 000	32 000	25 800	140 000	387 200	178 900	34 000
2013 年	8 000	30 000	43 000	161 822	128 000	41 000	30 000	48 000	190 000	399 400	199 085	21 630

5.1.4 开发运营现状分析

（1）食

第一，餐饮特色鲜明，但较为单一，未能形成体系。度假区餐饮特色极为鲜明，大闸蟹具有极强的品牌号召力，湖八鲜中的其他品种也很富有江南水乡特色，优越的气候条件和自然环境使得其他蔬菜瓜果家禽也很适合生长，但其他美食品种缺乏必要的品牌包装，在知名度、特色上都未能对大闸蟹形成有力的支撑。

第二，餐饮品牌效应强，但容易被仿造。大闸蟹具有极强的品牌号召力，但随着大闸蟹知名度越来越高，需求量迅速增长，导致部分产品存在非本地生产的现象，不仅品质难以保证，旅游收入也大量流失。

第三，餐饮设施类型单一，中高端餐饮缺位明显。度假区的餐饮设施数量众多，以农（渔）家乐形式为主，2013 年餐饮设施收入 15 000 万元。目前，虽然部分农（渔）家乐已经实现统一登记挂牌管理，但是其品质和档次仍然偏低。度假区的中高端餐饮寥寥无几，无法满足优质客源的需要。

（2）住

第一，客房总量不多，住宿设施分布不均，淡旺季现象显著。度假区内目前建有旅游饭店 1 家，一般旅馆 4 家，客栈 20 家，总客房量 500 间，总床位数 1 100 张，2013 年营业收入共计 2 330 万元，2013 年接待总人数 63 698 人。目前各类住宿设施主要集中在美人腿半岛，而莲花岛作为主要景区住宿设施不足。旅游旺季住宿设施往往出现爆满，淡季则缺乏普通商旅需求支撑、入住率低。

第二，住宿设施档次偏低，高端度假型酒店缺乏，房价定位不高。区内目前无挂牌星级酒店，达到星级酒店标准的仅两家，住宿设施档次普遍较低，硬件设施较为简单，服务水平普遍较低，对优质客源的吸引力不大。

第三，民宿处于粗放发展阶段，未形成特色，缺少文化支撑。各类民宿、农家乐住宿环境、设施较为简陋，仍停留在家庭旅馆的发展阶段，服务和管理都比较粗放，没有将文化元素融入进来，缺少特色和主题，因而长期缺乏固定游客。（表5.6、5.7）

表5.6　苏州市阳澄湖生态休闲旅游度假区住宿情况汇总表

类型	数量（家）	客房数（间）	床位数（张）	入住率	就业岗位（人）	2013年营业收入（万元）	2013年接待总人数（人）
旅游饭店	1	67	110	29.62%	150	1 350	16 698
一般旅馆	4	105	195	25%	85	830	22 000
客栈	20	120	210	28%	50	150	25 000

表5.7　苏州市阳澄湖生态休闲旅游度假区住宿情况调查表

酒店名称	位置	经营主体（公司、村集体、个体）	星级评定	客房数（间）	床位数（张）	入住率（%）		价格（元/天·间）	就业岗位（人）	2013年营业收入（万元）	2013年接待总人数（人）
						淡季	旺季				
苏州阳澄湖维景国际度假酒店	美人腿	公司	未评（五星标准）	67	110	30%	85%	680~1 080	150	1 350	16 698

续表

酒店名称	位置	经营主体（公司、村集体、个体）	星级评定	客房数（间）	床位数（张）	入住率（%）		价格（元／天＊间）	就业岗位（人）	2013年营业收入（万元）	2013年接待总人数（人）
						淡季	旺季				
永乐度假区酒店	美人腿	个体	未评（三星标准）	50	80	20%	90%	350	20	500	10 000
蛮好民宿（阳澄湖）	美人腿	公司		4栋（独栋）	9	20%	90%	680~880	2	14	500
金东湖酒店	美人腿（泗泾社区）	个体		15	30	50%	95%	150~300	20	30	4 000
清水岸酒店	美人腿（清水村）	个体		23	38	10%	85%	300	25	100	3 000
清水度假酒店	美人腿（清水村）	个体		27	47	30%	90%	300~680	20	200	5 000
蛮好民宿（渔耕岛）	莲花岛	个体		18	36	20%	85%	300	5	20	1 500
其他农家乐民宿（邻湖舫、渔耕岛、蟹草堂等）	莲花岛	农户自营		96	200	10%	85%	200左右	25	80	3 000

（3）行

第一，外部区位交通优势明显，但公共交通快捷性不足，催生自驾游为主格局。度假区外部有京沪高速铁路、苏嘉杭高速公路和绕城高速公路，可便捷地与苏州各区及"长三角"各城市在内的周边地区联系。度假区内有湘石路可与相城区其他主要道路联系，与相城各镇（区）以及苏州主城区的联系较为便捷。度假区与外部的公共交通快捷性不足（苏州火车站至度假区 1.5 小时以上），促使自驾游数量增加，在出行方面自驾游占 90%。

第二，内部缺乏多样性交通方式，停车设施不足。度假区内部交通用地及设施有限，缺乏多样性交通方式，高峰期交通拥堵，舒适度降低。区内停车设施不足，降低过夜比例，减少消费可能性。（表 5.8）

表 5.8　南京、上海、苏州市区到达度假区的交通情况调查表

序号	出发地	到达地	交通方式	出发时间	到达时间	人均费用
出行 1	上海	度假区	自驾	9:00	10:00–10:30	约计：淡季 100 元 / 人，旺季 300 元 / 人
出行 2	南京	度假区	自驾	9:00	12:00	约计：淡季 100 元 / 人，旺季 300 元 / 人
出行 3	苏州园区、新区	度假区	自驾	9:00	10:00	约计：淡季 100 元 / 人，旺季 300 元 / 人

注：以各自出发城市的对外枢纽（公路客运站、铁路客运站，若从苏州出发则为具体地点）为出发的最初起始点，若非直达（需要通过苏州中心城区或者相城区客运枢纽中转）则需填写出行 2/3/4

（4）游

第一，景点数量不多，质量偏低，吸引力不够。度假区内目前已开发的景点总共 15 处，多数为免费景点。具体情况为：美人腿区域 7 处景点，2013 年接待游客量 34.5 万人，2013 年营业收入 180 万元；莲花岛区域 8 处景点（药师庙暂未开放），2013 年接待游客量 65 万人，2013 年营业收入 480 万元。景点设施中端低效，实际门票收入低，经济投入产出不匹配。

第二，景点开发处于初级阶段，资源潜力尚未充分挖掘。目前开发的景点涵盖功能主要包括观光、采摘、佛教文化体验、大众休闲等。自然和人文资源开发仍处于起步阶段，自然和文化特色尚未得到充分挖掘和展示，尤其是丰富的文化资源（如民俗、历史、科普等）并未有效开发。景点分布较为集中，游览体验较为单一。（表 5.9）

表 5.9　苏州市阳澄湖生态休闲旅游度假区旅游景区、景点调查表

景区 / 景点 / 码头名称		主要功能	门票	淡季低谷日游客数量（人 / 日）	旺季高峰日游客数量（人 / 日）	2013 年接待游客量（人次）	2013 年营业收入（元）	就业岗位（人）
美人腿	清水生态园（婚纱摄影基地）	骑马、摄影	无（骑马 50 元 / 次）	0	500	10 万		20
	清水农业园	采摘水果、蔬菜	无	0	100	5 万		20
	皇罗禅寺	佛教文化体验	无	0	30 000（春节香客）	15 万		
	清水岸公园							
	阳澄湖公园							

续表

景区/景点/码头名称		主要功能	门票	淡季低谷日游客数量（人/日）	旺季高峰日游客数量（人/日）	2013年接待游客量（人次）	2013年营业收入（元）	就业岗位（人）
美人腿	春晖香草园	特色香草餐饮、摄影、香草植物及衍生产品	无	0	300	1.5万	180万	
	紫荆公园	紫荆花，休闲观赏、露营烧烤	无	0	300	3万		
	旅游集散中心	游船摆渡	50元/往返（船费）	0	20 000	32万		
莲花岛	莲花岛景区	乡村旅游	50元/往返（船费）	0	30 000	65万	480万	50
	忆园（民宿博物馆）	农耕民宿展示	15元	0	5 000			
	莲花居（明清建筑）	历史遗迹观光（带餐饮）	无	0	120			
	伞房决明公园	植物	无	0	5 000			
	药师庙	药师文化	无	未开放	未开放			
	牛打水表演	农耕文化	无	0	5 000			
	风车阵		无	0	5 000			
	风情渔港		无	0	5 000			

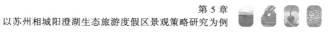

（5）娱

第一，缺少娱乐场所和设施、娱乐项目及服务。度假区目前并无大型娱乐场所，主要的娱乐休闲设施分为两类：一是位于镇区的配套型娱乐场所；二是位于星级酒店内部，提供给酒店客人的非直接开放类的娱乐设施。

第二，节庆活动的数量、类型较少，时间分布过于集中。度假区每年定期举办一些节庆活动，以宣传和推介阳澄湖水文化、渔文化和美食文化，比如每年 3～4 月阳澄湖畔·油菜花节、9～10 月阳澄湖旅游节（阳澄湖大闸蟹开捕节）都是每年固定节庆活动。此外还有一些不定期的主题特色活动，这些娱乐节庆活动在数量、类型上偏少，且时间安排上过于集中，淡季难以吸引人气。（表 5.10）

表 5.10　苏州市阳澄湖生态休闲旅游度假区节事活动调查表

时间		活动名称
每年固定节庆	3～4 月	阳澄湖畔·油菜花节
	9～10 月	阳澄湖旅游节（阳澄湖大闸蟹开捕节）
2009	7～8 月	湖八鲜烹饪大赛
	10 月	洋太太玉米采摘节
2010	3～4 月	"小生命大行动"放养花白鲢、呵护阳澄湖活动
2011	10 月	美食节

（6）购

第一，特色商品品牌效应过于集中，旅游商品种类不丰富。度假区内目前开发的特色旅游商品主要包括以阳澄湖大闸蟹为代表的湖鲜水产品，同时其生态有机农业也具有一定规模，主要体现在主题生态园种植的蔬菜、水果等农副产品及衍生产品。其中，阳澄湖大闸蟹销售收入约为 12 300 万元 / 年，其他农副产品及衍生产品销售收入约为 539 万元 / 年。其他农副产品及衍生产品在销售量和品牌效应方面尚不能对大闸蟹构成有力支撑。

第二，缺少专业的特产销售渠道。区内缺少有规模、上档次的旅游商品销售场所，除了大闸蟹专业市场，以及同时提供生态农产品销售的生态园以外，度假区内部几乎没有专门的特色商品或纪念品购物场所。（表 5.11）

表 5.11　苏州市阳澄湖生态休闲旅游度假区特色商品调查表

特色产品	主要产地 / 品牌	销售价格	销售收入（元 / 年）
阳澄湖大闸蟹	清水村及莲花岛	3 两母蟹 4 两公蟹约 120 ~ 140 元 / 对，4 两母蟹半斤公蟹约 120 元 / 只	清水村 1 亿莲花村 2 300 万
当季农产品蔬菜水果种植采摘	清水农业园	草莓约 30 元 / 斤，蔬菜礼盒装约 150 ~ 300 元 / 盒	88 万
"湖八鲜"腌制农副产品	三友食品	散装约 20 ~ 100 元 / 袋，盒装约 200 ~ 800 元 / 盒	200 万
向日葵瓜子、菜籽油	清水村	约 100 ~ 300 元	10 万元
香草精油及香草衍生产品	香草园	约 10 ~ 200 元	197 万
生态大米	莲花村	约 100 元 / 盒，或 5 ~ 10 元 / 斤	40 万
生态鸡蛋、咸鸭蛋	阳澄湖	80 ~ 100 元 / 盒	4 万

5.1.5 存在问题和发展潜力

（1）存在问题

第一，老产品重复雷同，新产品开发不足，景区功能结构亟待调整。度假区旅游产品的类型较单一，以美食和短期休闲度假为主，与周边景区之间雷同性、重复性开发普遍存在，对停留时间长、消费水平高的休闲度假类产品以及时尚类、创新性活动项目开发不够。度假区的参与性、娱乐性和体验性项目缺乏，不能满足未来游客的需求，旅游新业态、新产品开发滞后，旅游供给跟不上旅游需求的进一步发展。

第二，旅游资源类型丰富，但数量不多，高品质资源偏少。度假区内旅游资源的主要类型较丰富，自然人文兼备，但资源的基本类型和单体数量偏少，自然、人文类资源的组合性一般。除大闸蟹外，其他资源的知名度和竞争力不高，缺乏具有特色的高品质旅游资源。区内旅游资源主要集中在清水村和莲花岛，因而这两处旅游产值较高，其他区块资源较为稀少。

第三，旅游资源开发力度不够，各种资源未能充分有效利用。对自然资源和历史文化资源开发力度不够。区内虽然自然区域面积较大，但自然旅游资源数量偏低，缺乏具有较高观赏价值的自然景观。田园、湿地等资源利用方式单一，缺乏参与性、体验性的旅游项目。农业生产资源开发停留在蔬菜、水果采摘等，文化性、知识性体验不足，产业和附加值不高。区内人文旅游资源数量丰富，但并未得到有效开发，主要旅游载体"农家乐"大多注重物质方面供给，欠缺对传统水乡民俗文化的挖掘和展示，难以让游客感受农家生活和了解当地的文化与民俗风情，文化品位不高，文化氛围不浓。

第四，客源市场局限，季节性明显。度假区"农家乐"旅游主要依托客源来自苏州本地，尤其是工业园区；外地游客来源以江浙沪游客为主，其中以上海为主。近两年来，虽然游客量都突破百万，但游客增长率却逐年递减，旺季与淡季之间差距较大，旺季客源爆满，接待能力不足，淡季客源稀少，接待资源闲置。每年的九月至十一月的"蟹季"成为度假区全年旅游收入的主要部分，过于依赖"蟹季"发展起来的旅游配套产业必定会促使度假区未来发展受限。

第五，旅游配套设施不够齐全，旅游产业链有待完善。度假区有一定的餐饮住宿条件，但仍处于发展的初级阶段。度假区与外部的公共交通快捷性不足，区内交通用地及设施也很有限，缺乏多样性交通方式，缺乏停车场地和休息设施。度假区的中高端餐饮设施缺乏，娱乐活动场所较少，有规模、上档次、知名度高的旅游商品销售场所缺乏。各项服务设施分布零散，未形成完善的旅游配套服务体系。

旅游配套设施的不健全反映了旅游产业链的不完善。从前面分析可知，旅游要素相关产业如食、住、行、游、娱、购等方面均存在需要完善的环节，与旅游资源开发、文化、交通运输、信息服务、金融、房地产等产业尚未形成相互依托、共存共荣的关系。

第六，服务水平和质量有待进一步提升，环境有待进一步改善。度假区内为游客提供的旅游导向标志缺乏，旅游宣传品较少，具有特色的旅游商品和纪念品品种单调、数量较少；对特殊人群服务、个性化需求服务不够完善。农家乐的经营意识和服务水平还较为落后，大多还处于夫妻店的模式，欠缺专业化的管理和服务人员。

农家乐的规模、分布等方面与生态环境保护之间存在紧张关系，

部分农户对生活垃圾处理不当，卫生条件不规范，给当地的自然环境尤其是水环境造成了较大影响。不同类型的农家乐并未与相应的特色空间和景观形成互动，同类农家乐的建筑形式及风格悬殊，度假区整体空间感受较为凌乱。

（2）发展潜力

第一，区位优势。度假区位于长三角经济发达区域，与苏州各区及"长三角"各城市之间交通便捷。主要客源地人均收入水平和消费水平都较高，经济因素也不是出游时所考虑的首要因素，有助于形成较为稳定的优质客源市场。经济发达地区的旅游者不仅对观光旅游有需求，而且更多的旅游需求集中在休闲度假、自然和文化体验、康体健身等方面，有利于促进高端乡村生态旅游产品的形成。

第二，资源优势。大闸蟹是阳澄湖最有独特性和品牌性的旅游资源，度假区内仍保持了较好的生态环境，丰富的田园、湖泊、湿地等自然风光，健康有机的农副产品及衍生产品，浓郁的水乡渔家民俗风情文化都是大闸蟹这一品牌资源的有力支撑，观赏自然景色、体验农家民俗文化、品尝农家美食都对城市内的旅游者有着较大的吸引力，可见，资源相关方面仍具有较大的挖掘空间和发展前景。

第三，文化底蕴。度假区内保持着较为原生态的江南水乡风貌，传统的农耕、捕鱼、织网等生产生活方式仍随处可见，水乡民居建筑颇具特色，具有较为浓郁的乡村氛围。各种与水乡渔家相关的文化旅游资源极为丰富，包括农耕文化、渔业文化、生物文化、服饰文化、民俗风情、渔歌等，除此以外还有许多历史典故和传说，这些文化资源如果得到深度开发，将会极大提高旅游的体验性、文化性和参与性。

第四，品牌特色。阳澄湖大闸蟹已经成为国际知名的品牌，度假区依托这一品牌优势，通过发展农家乐、举办旅游节，已经将大闸蟹这一餐饮品牌成功转化为旅游品牌，并形成较为稳定的客源市场。如果能以大闸蟹作为龙头与核心，继续开发出满足当前旅游发展需求的旅游产品，形成新的品牌效应来作为支撑，度假区旅游将能实现转型和升级，并走上可持续发展之路。

5.2 度假区生态旅游竞争力研究

5.2.1 生态旅游竞争力影响要素分析

生态旅游具有两层含义：旅游对象是自然生态环境，旅游方式是不对自然生态环境造成破坏。它是指旅游者基于回归自然、体验古朴文化、保护自然生态和传统文化等动机，在不损害生态环境的可持续发展前提下，到自然环境优美或人文气息浓郁的地区进行的以自然资源和传统文化为客体，并促进旅游地经济、社会、生态效益同步协调发展的一种新型的可持续性旅游活动。对于一个以生态旅游为主的度假区而言，其竞争力主要来源于资源、产品、区位、市场、环境、服务以及可持续发展能力（或称之为发展潜力）等方面。

旅游资源条件是影响旅游竞争实力的最重要的物质基础和客观因素，是旅游资源开发和旅游产品生产的基本条件。它反映了旅游产品的生产价值和生产成本，是形成旅游产品的基础，也是确保旅游开发成功的必要条件。旅游资源包括自然资源和人文资源。自然资源是生态旅游环境基底，人文资源则可以为生态旅游增添文化内涵，资源的观赏游憩使用价值、历史文化价值、科学艺术价值、珍稀奇特程度以

及规模与完整性都是评价其资源条件的重要指标。

旅游产品是度假区基于旅游资源提供给游客体验的商品与服务。旅游资源只是一种潜在的价值存在，只有开发成旅游产品其价值才有可能实现。拥有一流的资源只是说明度假区拥有优越的比较优势，只有将一流的资源转化为一流的产品，才真正体现出了度假区的竞争力。旅游产品的丰富性、配套性与完善性、更新率、价格合理性、品牌知名度都是考量产品的重要指标。

区位因素对度假区旅游竞争力的影响主要是通过位置、交通等作用发挥出来的。地理位置不同，其地理环境不同，旅游资源也就形成了自身的特征，导致旅游吸引力的不同。良好经济区位，可以通过发挥区位优势，为旅游竞争力的提升提供资金。度假区与客源地的空间距离和交通条件，度假区可进入性优劣与否，直接影响到客源吸引范围，进而影响到旅游的空间竞争能力。

旅游市场就是旅游产品供求双方交换关系的总和，即在旅游产品交换过程中所产生的各种经济现象和经济联系。旅游市场是依附于资源、产品、环境等方面的竞争力要素，没有其他要素，市场也就难以存在，但度假区的市场知名度对其竞争力而言也十分重要，而为提升度假区的市场知名度所开展的旅游宣传促销和旅游节事活动，以及具有特色的旅游商品，也是市场影响力的重要影响指标。

环境，严格来说包括自然生态环境与人文历史环境，但在生态旅游当中更为强调自然生态环境，它是度假区开展旅游活动的外在依托与凭借。环境具有可多次重复使用的能力，有时具有自我恢复的能力，但是一旦过度使用则会对环境造成不可弥补的损失。空气、水体、植被、卫生条件等因素都是衡量度假区环境条件的重要指标。要保持较好的自然生态环境，度假区应考虑资源环境承载力因素，确定合理的游客容量。

服务也是衡量度假区竞争力的重要因素。服务水平实际分为两个方面，一方面是硬件服务，一方面是软件服务。硬件服务包括住宿、餐饮、购物、娱乐、医疗等各类旅游服务设施的数量和质量；软件服务主要是服务人员的素质。前者关系度假区的服务和接待能力，后者关系度假区的服务水平。无论哪方面造成不可接受的缺陷，都会使游客对旅游产品乃至度假区产生负面评价。

对于生态旅游而言，除了上述影响度假区现有竞争能力的要素，度假区的未来发展潜力也不可忽视。往往有的度假区现实竞争力很强，但由于过度开发，原生资源已经破坏殆尽，不再适合进行生态旅游开发，而往往一些现实竞争力不强的区域，由于尚处在未经大规模开发的阶段，原生资源和生态环境保存较好，在生态旅游方面具有极大的拓展空间。因此，未来的发展潜力应当是生态旅游竞争力的一个重要影响因素。

5.2.2 生态旅游竞争力评价模型建构

（1）度假区生态旅游竞争力评价模型

根据前文对生态旅游影响要素的分析，提取出相关要素作为评价指标，构建评价模型。评价模型指标体系由 3 个层次构成，即目标层（A）、指标系统层（B）、指标层（C）。指标系统层包括 7 个，分别为区位竞争力、资源竞争力、市场竞争力、产品竞争力、环境竞争力、服务竞争力、潜在竞争力。

第一，区位竞争力指标系统。主要是对旅游目的地区位因素，包

括可到达性、可进入性、可替代性进行评价。

第二，资源竞争力指标系统。主要是对旅游资源价值和品质进行评价，它反映了一个地区发展旅游的基础条件和素质。

第三，市场竞争力指标系统。主要衡量目的地的旅游市场影响能力和市场效果，间接地反映了目的地旅游的经济效果。

第四，产品竞争力指标系统。主要是对旅游产品的丰富度、更新率等进行评价，它反映了一个地区旅游发展成熟程度的重要指标。

第五，环境竞争力指标系统。主要衡量目的地的旅游环境容量和环境质量，反映了目的地环境对旅游发展的支撑程度。

第六，服务竞争力指标系统。主要衡量目的地的旅游发展所获得的社会软硬件支持力度，同时也反映出目的地旅游发展的未来潜力。

第七，潜在竞争力指标系统。主要衡量目的地资源保存状况、产品、市场、设施等的拓展空间，从而反映目的地未来旅游可持续发展的能力。（表 5.12）

表5.12　度假区生态旅游竞争力评价模型与赋值

目标层	指标系统层 B_i	指标系统权重 W_i	指标层 C_{ij}	指标理想分值	指标实际分值
A 度假区生态旅游竞争力	B_1 区位竞争力	0.131	C_{11} 可到达性	40	
			C_{12} 可进入性	30	
			C_{13} 可替代性	30	
	B_2 资源竞争力	0.362	C_{21} 观赏游憩使用价值	35	
			C_{22} 历史文化科学艺术价值	30	
			C_{23} 珍稀奇特程度	20	
			C_{24} 规模与完整性	15	

目标层	指标 系统层 B_i	指标 系统权重 W_i	指标层 C_{ij}	指标 理想分值	指标 实际分值
A 度假区生态旅游竞争力	B_3 市场竞争力	0.034	C_{31} 市场知名度	30	
			C_{32} 旅游宣传促销活动	25	
			C_{33} 旅游节事活动	25	
			C_{34} 旅游商品数量与质量	20	
	B_4 产品竞争力	0.209	C_{41} 旅游产品丰富性	25	
			C_{42} 旅游产品配套性与完善性	15	
			C_{43} 产品更新率	20	
			C_{44} 产品价格合理性	15	
			C_{45} 产品品牌知名度	25	
	B_5 环境竞争力	0.081	C_{51} 景区植被覆盖率	20	
			C_{52} 景区空气质量	25	
			C_{53} 环境容量	20	
			C_{54} 景区垃圾无害化处理率	15	
			C_{55} 景区废水排放达标率	20	
	B_6 服务竞争力	0.052	C_{61} 住宿总床位数	20	
			C_{62} 餐饮设施数量	12	
			C_{63} 交通设施和停车场	15	
			C_{64} 娱乐休闲设施数量	8	
			C_{65} 购物设施数量	8	
			C_{66} 游客服务中心数量	8	
			C_{67} 医疗卫生设施数量	6	
			C_{68} 导向标志数量	8	
			C_{69} 旅游从业者服务水平	15	

续表

目标层	指标系统层 B_i	指标系统权重 W_i	指标层 C_{ij}	指标理想分值	指标实际分值
A 度假区生态旅游竞争力	B_7 潜在竞争力	0.131	B_{71} 自然资源的原始性	20	
			B_{72} 人文资源的原始性	18	
			B_{73} 居民的旅游开发意愿	16	
			B_{74} 旅游设施拓展空间	16	
			B_{75} 旅游市场拓展空间	15	
			B_{76} 旅游产品拓展空间	15	

（2）评价计算方法

度假区生态旅游竞争力的计算模型在结合指标系统权重和指标专家赋值的基础上，采取加权方法进行评分计算。一方面可以计算出同类度假区的旅游竞争力值，对同类度假区综合竞争力进行比较；另一方面可以对同类度假区各专项竞争力分别进行比较，发现各度假区的竞争优势和弱项。计算公式表达为：

$$M = \sum_{i=1}^{6} W_i B_i$$

$B_i = \sum C_{ij}$ （i 指标系统的 j 个指标分值之和）

M 为度假区生态旅游竞争力值；

W_i 为第 i 个指标系统的权重。

（3）指标系统（W_i）的权重计算

运用层次分析法（AHP）和德尔菲（DELLPHI）法，具体步骤如下：

第一，向有关专家发放征询试卷，根据专家征询结果确定因子的

相对重要性，按照赛迪 1~9 标度法得出相应的标定值（即因子间重要性比较标定值）。（表 5.13）

表 5.13　因子相对重要性标定系列

两因素相对重要性比较	量化值
同等重要	1
前者比后者稍微重要	3
前者比后者较强重要	5
前者比后者强烈重要	7
前者比后者极端重要	9
两相邻判断的中间值	2，4，6，8
倒数	若元素 i 与 j 的重要性之比为 a_{ij}，那么元素 j 与元素 i 重要性之比为 $a_{ij}=1/a_{ij}$

第二，根据各指标间相对于上一级指标比较的标定值，列出各指标间的相对重要性标定值矩阵。

	X_1	X_2	X_3	…	X_n
X_1	1	X_{12}	X_{13}	…	X_{1n}
X_2	X_{21}	1	X_{23}	…	X_{2n}
X_3	X_{31}	X_{32}	1	…	X_{3n}
…	…	…	…	…	…
X_n	X_{n1}	X_{n2}	X_{n3}	…	1

注：X_r（$r=1,2,3,…,n$）为第 r 个评价指标；X_{ij}（$i=1,2,3,…,n；j=1,2,3,…,n$）为第 i 个因子与第 j 个指标进行相对重要性比较而获得的标定值。

第三，计算判断矩阵各行特征根 $\overline{w_i}$（即每行元素乘积的 n 次方根）。

$$\overline{w_i} = \sqrt[n]{\prod_{j=1}^{n} X_{ij}} \ （i=1, 2, \cdots, n）$$

式中：n 为评价因子数目。

第四，将 $\overline{w_i}$ 归一化，得到各评价因子的权重值 $w_i = \dfrac{\overline{w_i}}{\sum\limits_{i=1}^{n} \overline{w_i}}$（$i=1$，2，3，$\cdots$，$n$）。（表 5.14）

表5.14　旅游目的地竞争力评价判断矩阵及其权重

A	B_1	B_2	B_3	B_4	B_5	B_6	B_7	$\overline{w_i}$	w_i
B_1	1	1/4	5	1/2	2	3	1	1.207	0.131
B_2	4	1	7	2	4	5	4	3.324	0.362
B_3	1/5	1/7	1	1/4	1/3	1/2	1/5	0.304	0.034
B_4	2	1/2	4	1	3	4	2	1.919	0.209
B_5	1/2	1/4	3	1/3	1	2	1/2	0.743	0.081
B_6	1/3	1/5	2	1/4	1/2	1	1/3	0.476	0.052
B_7	1	1/4	5	1/2	2	3	1	1.207	0.131

第五，一致性检验。

对判断矩阵进行计算后，必须进行一致性检验。一致性指标 CI 和一致性比例 CR 的计算公式为 $CR=CI/RI<0.1$

$$CI = \frac{\lambda_{\max} - n}{n-1} \ ; \ \lambda_{\max} = \frac{1}{n} \sum_i \left(\frac{(AW)_i}{w_i} \right)$$

求特征向量 W 对应的最大特征值：

$$\lambda_{\max} = \frac{1}{n} \sum_i \left(\frac{(AW)_i}{w_i} \right)$$

计算矩阵 A-B 的特征值：

$AW_1 = 1 \times 0.131 + 1/4 \times 0.362 + 5 \times 0.034 + 1/2 \times 0.209 + 2 \times 0.081 + 3 \times 0.052 + 1 \times 0.131 = 0.945$

$AW_2 = 4 \times 0.131 + 1 \times 0.362 + 7 \times 0.034 + 2 \times 0.209 + 4 \times 0.081 + 5 \times 0.052 + 4 \times 0.131 = 2.65$

$AW_3 = 1/5 \times 0.131 + 1/7 \times 0.362 + 1 \times 0.034 + 1/4 \times 0.209 + 1/3 \times 0.081 + 1/2 \times 0.052 + 1/5 \times 0.131 = 0.243$

$AW_4 = 2 \times 0.131 + 1/2 \times 0.362 + 4 \times 0.034 + 1 \times 0.209 + 3 \times 0.081 + 4 \times 0.052 + 2 \times 0.131 = 1.501$

$AW_5 = 1/2 \times 0.131 + 1/4 \times 0.362 + 3 \times 0.034 + 1/3 \times 0.209 + 1 \times 0.081 + 2 \times 0.052 + 1/2 \times 0.131 = 0.578$

$AW_6 = 1/3 \times 0.131 + 1/5 \times 0.362 + 2 \times 0.034 + 1/4 \times 0.209 + 1/2 \times 0.081 + 1 \times 0.052 + 1/3 \times 0.131 = 0.373$

$AW_7 = 1 \times 0.131 + 1/4 \times 0.362 + 5 \times 0.034 + 1/2 \times 0.209 + 2 \times 0.081 + 3 \times 0.052 + 1 \times 0.131 = 0.945$

按照公式计算判断矩阵最大特征值：

$$\lambda_{\max} = \frac{1}{n} \sum_{i=1}^{n} \frac{(AW)_i}{w_i} = \frac{1}{7} \times \left(\frac{0.945}{0.131} + \frac{2.65}{0.362} + \frac{0.243}{0.034} + \frac{1.501}{0.209} + \frac{0.578}{0.081} + \frac{0.373}{0.052} \right.$$
$$\left. + \frac{0.945}{0.131} \right) = 7.198$$

代入公式计算 $CI=\dfrac{7.198-7}{7-1}=0.033$

查同阶平均随机一致性指标（表 5.15 所示）知 $RI=1.36$，

$CR=CI/RI=0.033/1.36=0.024<0.1$

一般认为当检验系数 $CR < 0.10$ 时，就认为判断矩阵具有令人满意的一致性，判断矩阵通过检验。

表 5.15　平均随机一致性指标 RI

阶数	1	2	3	4	5	6	7	8	9	10	11	12
RI	0	0	0.52	0.89	1.12	1.26	1.36	1.41	1.46	1.49	1.52	1.54

5.2.3　本区与长三角同类度假区比较

选择长三角地区以湖泊为主要资源的省级旅游度假区作为比较对象，发现本区的优势、不足和发展空间。

（1）浙江省淳安千岛湖旅游度假区

区位和交通：度假区总面积 88 平方公里，位于浙江省淳安县境内（部分位于安徽歙县），距杭州 129 公里，距黄山 140 公里，距上海和苏州分别为 350 公里，位于"杭州—千岛湖—黄山"这条旅游线上。

旅游资源：区内群山绵延，森林繁茂，岛屿众多，水面辽阔，具有幽、秀、奇、野的自然景观特色。自然风光旖旎迷人，生物资源丰富多样，保存各类动植物种类达 3 000 多种。湖区 573 平方公里的湖水晶莹透澈，能见度达 12 米，属国家一级水体。2009 年，千岛湖以 1 078 个岛屿入选世界纪录协会世界上最多岛屿的湖。千岛湖具有丰富的人文资源，淳安建制始于东汉建安十三年，距今有 1 800 年的历史，是徽派文化和江南文化的融合地。区内现已发现古文化遗址和古墓葬多处，同时还有众多古建筑。

核心产品：利用独特的山水资源打造了进贤湾、界首和排岭半岛三大区块，分别以度假小镇、休闲体育和水为主题，包括了度假酒店、大型会议中心、休闲社（街）区、企业会所俱乐部、野营基地、大型游乐场滨湖度假村落、水上运动、山地运动等项目，主要涵盖自然观光类、商务会展类、运动休闲类、房产度假类、康体养生类、节庆娱乐类旅游产品。

旅游开发：度假区是在 20 世纪中期由于拦坝蓄水形成的人工湖基础上发展起来的，由于上游注重环境保护，湖水在中国大江大湖中位居优质水之首。千岛湖旅游开发从 20 世纪 80 年代开始，1997 年千岛湖旅游度假区被浙江省人民政府批准为省级旅游度假区，2007 年正式挂牌运行，2010 年被评为国家 AAAAA 级旅游景区。度假区有独特的自然风光和资源，从自然观光景区开始，通过招商引资，经历了旅游产业发展积累、旅游产品不断丰富、休闲度假明显提升 3 个阶段，逐渐发展成拥有三大主题区块和众多酒店、餐饮设施和旅游项目配套的较为成熟的生态旅游度假区。

（2）江苏省溧阳天目湖旅游度假区

区位和交通：度假区总体规划面积为 17.92 平方公里（水面 7.25 平方公里），位于江苏省溧阳市区南 8 公里，苏浙皖三省交界之处。距宁、沪、杭、苏、锡、常等主要城市在 80～200 公里之间，距南京禄口国际机场 80 公里，距常州机场 60 多公里。

旅游资源：山水资源组合较好，人文资源较为丰富，既有大溪水

库、沙河水库、龙潭森林公园、南山竹海等较好地的山水旅游资源，又有太公山、报恩禅寺、古官道、平桥石坝、蓄能电站等人文景观。

核心产品：利用资源打造了山水园景区、南山竹海、御水温泉、度假酒店等四大板块，此外，还拥有 6 家全国农业旅游示范点——十思园、望湖岭、翠谷庄园等，将旅游观光与休闲结合在一起。其中涵盖自然观光类、森林度假类、温泉度假类、娱乐休闲类、康体保健类旅游产品，已初步构成了观光、休闲、度假的旅游产品体系。

旅游开发：天目湖最初为 20 世纪中期建成的两座水库，1992 年成立天目湖旅游度假区，1994 年被江苏省人民政府批准为省级旅游度假区，2013 年被授予国家 AAAAA 级景区。度假区依托山水结合的自然风光，从自然观光景区开始，通过招商引资，逐渐发展成拥有三大主景区和众多酒店、餐饮设施配套的综合性旅游度假区。

（3）江苏省姜堰溱湖旅游度假区

区位和交通：度假区规划面积 13.2 平方公里，位于苏中交通的枢纽位置，距扬州 72 公里，距南京 150 公里，距上海 200 多公里，均在长江三角洲（简称：长三角）著名旅游城市的服务半径之内。

旅游资源：溱湖国家湿地公园，是 2005 年经国家林业局批准设立的全国第二家、江苏省首家国家级湿地公园，也是省级名胜风景区。园内现有各类植物 153 种，野生动物 97 种，是世界珍稀动物麋鹿的故乡。园内地热资源丰富，出水温度超过 42 摄氏度。拥有千年古镇溱潼的人文资源作为景区的重要依托，中国江堰溱潼会船节在 2002 年被国家旅游总局列为中国十大民俗节庆活动之一。

核心产品：利用资源打造了以溱湖为主体的水环境景区，以"麋鹿故乡园"为品牌的湿地生态景区，以"全球生态 500 佳"为品牌的生态农业区，以溱湖地热资源综合开发而形成的温泉休闲度假区，以及以溱潼古镇、中国姜堰溱潼会船节为代表的湿地文化景区。主要涵盖自然观光类、人文体验类、生态体验类、温泉度假类、康体保健类旅游产品，正在逐渐构成观光、休闲、度假、体验的旅游产品体系。

旅游开发：度假区是在全国首批国家级湿地公园溱湖国家湿地公园的基础上发展起来的，2012 年被江苏省人民政府批准为省级旅游度假区，同年被授予国家 AAAAA 级旅游景区。溱湖度假区在保护湿地生态环境的前提下，围绕"生态、文化、民俗"三大主题，开发和建设了一批既有观赏性又有参与性的旅游景点，先后建成湿地精品园、农业观光园、探险乐园、中国溱湖湿地科普馆项目，并且引进深圳华侨城集团，打造凸显水乡生态特色和里下河文化内涵、集休闲体育运动和休闲度假两大功能于一体的综合性旅游休闲度假区。

（4）江苏省苏州相城阳澄湖生态旅游度假区

区位和交通：度假区总用地面积 61.72 平方公里（含区内阳澄湖水面 43.02 平方公里），位于苏州市相城区的东部，东邻昆山，南连苏州工业园区，西靠无锡，北接常熟，处于长三角地区的核心腹地，周边分布着长三角 16 个大中型世界级的城市群，尤其是上海大都市距此只有 60 公里。

旅游资源：保持着较为原生的湿地、农田、湖泊等自然资源，水质优良，是苏州重要的饮用水源之一，也是鱼蟹等水产品的良好栖息地，区内拥有较为丰富的历史和水乡渔家民俗文化，也有一定的宗教文化资源。

核心产品：目前度假区旅游产品的开发还处于初级阶段，初步形成了自然和人文观光、乡村休闲、宗教养生等旅游产品，尚未形成完整

的产品体系。以乡村休闲加美食为主的农家乐发展势头迅猛，占据区内旅游产品的主要部分，也表明区内旅游产品开发还较为单一。

旅游开发：度假区的开发目前处于起始阶段，虽然存在旅游旺季配套设施不足的情况，但由于人工开发程度较低，所以保存了完好的湿地生态风貌和沿湖亲水性，水质保持良好，物产极为丰富，因而也被誉为"长三角地区保存的最后一块最具旅游开发价值、弥足珍贵的未开垦处女地"。2013年由江苏省人民政府正式批复成立"省级旅游度假区"。（表5.16）

表5.16　本区与长三角同类度假区比较

度假区名称	区位和交通	旅游资源	景区级别	核心产品	特色品牌	旅游开发
浙江省淳安千岛湖旅游度假区	距杭州129公里，距黄山140公里，距上海和苏州分别为350公里	自然、人文资源均丰富，自然资源品级尤高	国家AAAAA级	自然观光类、商务会展类、运动休闲类、房产度假类、康体养生类、节庆娱乐类旅游产品，已形成较为完善的产品体系	千岛湖、农夫山泉	以优美独特的自然景观带动旅游开发，通过不断招商引资，拓展旅游产品，已经初步形成主题特色鲜明、配套较为成熟的生态旅游度假区
江苏省溧阳天目湖旅游度假区	苏浙皖三省交界之处，距宁、沪、杭、苏、锡、常等主要城市在80~200公里之间	山水资源组合较好，人文资源较丰富，具有温泉资源	国家AAAAA级	自然观光类、森林度假类、温泉度假类、娱乐休闲类、康体保健类旅游产品，已初步构成了观光、休闲、度假的旅游产品体系	砂锅鱼头	以良好的自然景观带动旅游开发，通过不断招商引资，开发旅游产品，正在逐步形成板块主题特色鲜明、配套较为齐全的生态旅游度假区

度假区名称	区位和交通	旅游资源	景区级别	核心产品	特色品牌	旅游开发
江苏省姜堰溱湖旅游度假区	位于苏中交通的枢纽位置，距扬州72公里，距南京150公里，距上海200多公里	自然、人文资源均较丰富，包括国家级湿地公园、温泉资源、溱潼古镇、会船节等	国家AAAAA级	自然观光类、人文体验类、生态体验类、温泉度假类、康体保健类旅游产品，正在逐渐构成观光、休闲、度假、体验的旅游产品体系	会船节、华侨城	以自然生态为依托，通过不断招商引资，开发旅游产品，尤其引进深圳华侨城集团，正逐步发展为融多种功能于一体的生态旅游度假区
江苏省苏州相城阳澄湖生态旅游度假区	处于长三角地区的核心腹地，距上海大都市只有60公里	保持着较为原生的自然资源，拥有较为丰富的历史和水乡渔家民俗文化，也有一定的宗教文化资源	无	初步形成了自然和人文观光、乡村休闲、宗教养生等旅游产品，尚未形成完整的产品体系	大闸蟹	开发尚处于起步阶段，配套设施还不够成熟，未来发展潜力很大

5.2.4 较分析

与长三角几个以湖泊为主要资源的省级旅游度假区相比，阳澄湖度假区的开发起步较晚，在资源开发、景观打造、产品开发、招商引资等方面都落后于这些度假区，应当积极从这些较为成熟的度假区学习经验。综合前文研究，这些度假区有以下经验值得借鉴。

（1）对资源进行深度开发，凸显自身优势和特色

上述几个度假区大多开发时间较早，对度假区内的自然资源和人文资源开发比较深入，均不同程度地体现出自身的资源优势和特色。千岛湖充分利用水域、岛屿、村落等资源，开发了一系列观光岛屿、水湾、森林公园、古村落等景区景点，并且打造了皮划艇、漂流、探险、森林氧吧、水上降落伞、野营等水陆旅游项目，以满足游客多方位的需求。此外，2002 年，国家皮划艇队开始进驻千岛湖训练，2005 年国家水上运动训练基地正式落户千岛湖，更增加了千岛湖的知名度。阳澄湖度假区目前在自然和人文资源的开发上均不够深入，自身的资源特色也未能充分挖掘和发挥，因此缺乏能够吸引人的物质和精神载体，在平时难以产生旅游吸引力，未来应借鉴其他度假区经验，深入开发旅游资源，将自身优势和特色凸显出来。

（2）打造优美景观，营造宜人的度假环境

上述三个湖泊度假区第二个共同的方面就是通过自然景观的打造，营造出优美的自然环境，从而以优美的景观吸引游客前来观光游览，逐渐带动其他旅游产品和项目的开发以及旅游产业结构的完善。千岛湖本身自然景观就比较独特，经过三十年的发展，相继获得了首批全国重点风景名胜区、国家 AAAAA 级旅游景区等称号，优美的自然景观不仅成为主要的旅游吸引物，而且也为度假区营造了良好的休闲度假环境。溱湖和天目湖近年来也打造了国家湿地公园、南山竹海等一些景区景点，并相继被授予国家 AAAAA 级旅游景区，由此可见优美的自然景观依然是旅游度假区的主要吸引物。阳澄湖度假区具有岛屿、湖泊、林地、湿地等景观资源，但各种景观在空间组合上相对分散，河道水系景观利用程度不高，因此景观效果不佳。未来度假区应吸取其他度假区经验，利用自然景观资源，打造优美宜人的视觉景观和度假环境。

（3）开发丰富的产品类型，满足不同游客的需要

上述度假区基本都是从最初的观光旅游开始，逐渐发展出休闲度假、康体养生、运动休闲文化、商务会展、人文体验等一系列旅游产品，并注意产品随旅游市场的发展而更新，从而逐步发展为综合性的旅游休闲度假区。目前阳澄湖度假区在旅游产品方面还比较单一，产品以乡村休闲加美食为主的农家乐占主要部分，观光类、度假类、人文体验类、养生类等产品极少，现有的少量产品品级也不高，尚未形成完整的产品体系。未来度假区应当在自身资源特色的基础上，致力于培育和打造既有地方特色又能满足当代度假旅游发展需求的产品，增强旅游的体验性和参与性，延长游客的停留时间，以丰富而有特色的旅游产品吸引客源，占据更大市场份额。

（4）加快招商引资，健全旅游产业链

度假区要转型升级和扩大规模，充足的资金和健全的产业链是必不可少的。以千岛湖为例，经过多年来的不断招商引资，已经初步形成了三大主题旅游板块，并且带动住宿、餐饮、娱乐、交通以及旅行社等产业的发展，这些直接旅游企业的发展相应衍生出了建筑、房地产、种植业、养殖业等支持产业。千岛湖旅游的发展轨迹表明，千岛湖正是从较为单一的景点、较为简陋的住宿设施和低等级的基础设施，通过不断招商引资逐步发展为一个综合性的旅游休闲度假区，产业参与面也逐渐由旅游向农业、工业及第三产业不断渗透和拓展。阳澄湖度假区目前产业结构比较单一，未来应该立足于自身的资源和自然地理条件，吸引有实力的旅游企业，开发适合生态旅游的产品和项目，

从而带动住宿、餐饮、娱乐、交通以及相关旅游支撑产业的全面发展，形成以旅游业为核心的完整产业链。

5.2.5 本区与阳澄湖同类度假区比较

度假区与周边的工业园区阳澄湖度假区、常熟沙家浜度假区具有许多相近的特征，它们之间的竞争也最为激烈，为了便于更加清楚和科学地比较它们之间的优势和不足，特采用度假区生态旅游竞争力评价模型对其进行量化比较。

通过向 8 位专家发放调查问卷，有效收回调查问卷 5 份，得出度假区生态旅游竞争力评价结果如表 5.17、图 5.3 所示。

表 5.17 本区与阳澄湖周边同类度假区竞争力比较

度假区	区位竞争力	资源竞争力	市场竞争力	产品竞争力	环境竞争力	服务竞争力	潜在竞争力	旅游综合竞争力
相城阳澄湖	76.4	78.8	70.2	67.4	82.2	63	84.8	76.1
工业园区阳澄湖	83.6	73.6	79	71.2	81.6	70.4	74.2	75.2
沙家浜	65.6	76.6	74.8	64.8	77.4	62.6	77.2	72.0

5.2.6 分析评价（就表 5.17 和图 5.3 进行评析）

区位：相城阳澄湖落后于工业园区阳澄湖，两者在地理位置上相差不大，但相城阳澄湖由于交通服务设施不完善，所以可到达性不如工业园区阳澄湖。

　　资源：相城阳澄湖在资源竞争力上居首，说明其资源开发的潜力
很大。

　　市场：相城阳澄湖在市场竞争力上处于末位，说明其旅游市场影响
力和市场效果不够理想，间接反映了其旅游产品缺乏吸引力，市场营
销力度不够。

　　产品：相城阳澄湖产品竞争力落后于工业园区阳澄湖，说明其产品
丰富度、新颖性等方面存在欠缺。

　　环境：相城阳澄湖环境竞争力居首，说明其对原有的乡村生态环境
保存得比较好，尚未受到人工破坏，在以后开发中应当注意保护。

　　服务：相城阳澄湖在服务竞争力上较弱，主要表现在其住宿、餐
饮、交通、娱乐休闲、购物等设施较为缺乏，同时旅游从业者服务水
平偏低，这些必须在后面的发展中加以提升。

　　潜在竞争力：相城阳澄湖在潜在竞争力方面位居首位，说明其目前
资源开发强度较低，自然和人文环境保存良好，未来具有很大的开发

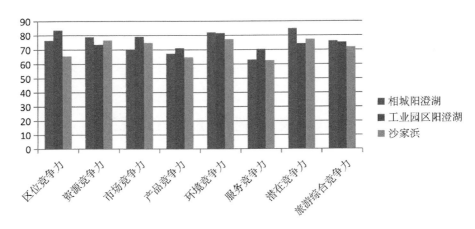

图5.3　本区与阳澄湖周边同类度假区竞争力分析示意图

空间，发展潜力很大。

旅游综合竞争力：相城阳澄湖在旅游综合竞争力上排名首位，说明虽然其目前旅游业发展还不够成熟，但从生态旅游的角度来说，由于其资源、环境和发展潜力方面都有较强的竞争力，因此对于以促进旅游地经济、社会、生态效益协调发展为目标的生态旅游发展来说，相城阳澄湖比另外两个同类度假区有更强的竞争力。

5.2.7 旅游竞争力分析总结

通过与长三角较为成熟的度假区以及阳澄湖周边同类度假区比较，可以为度假区今后发展得出以下结论：

第一，保护好现有的生态资源和乡村环境，坚持走可持续的生态旅游发展路线。

第二，深度挖掘自身旅游资源，尤其人文旅游资源，营造浓郁的江南水乡风情。

第三，打造优美的自然景观，营造具有吸引力的游憩观赏环境。

第四，积极招商引资，提升度假区规模和档次，增加旅游吸引物，完善和延伸旅游产业链。

第五，丰富旅游产品类型，构建完善的旅游产品体系。

第六，加强市场营销力度，大力拓展客源市场。

第七，增加和改善旅游服务设施，提高旅游服务水平，完善休闲度假功能。

5.3 度假区生态旅游容量研究

5.3.1 度假区生态环境现状和问题

（1）水质目前保持较好，但长期可靠性不容乐观

现阶段度假区范围内湖泊水质尚佳，但由于种植和水产养殖导致部分水系支流出现了不同程度的淤塞，带来水质下降、水生生物生存环境恶化、生态稳定性破坏等问题。

（2）生态环境总体较好，但仍存在潜在的污染隐患

总体来说，度假区目前保持着较好的生态环境，潜在的污染源主要是农户在临湖区域养殖家禽排放的粪便、居民生活垃圾中的污染物以及农作物种植中的杀虫剂等，如果旅游人口增加，大量外来人口所产生的废物、垃圾会成为度假区生态环境的主要污染源。

（3）乡土植被较少，外来物种有可能破坏生态平衡

度假区目前虽然有较丰富的植被，但本土植物较少，多为外来引进植物，今后开发中可能还会继续引进大量外来植被，过量引进会改变其他系统功能和演替规律，破坏该区域的正常生态平衡。

5.3.2 度假区游客容量测算

旅游度假区游客容量通常可以通过面积法、线路法、卡口法三种方法计算。其中，面积法适用于具有一定可游览面积的景区，线路法适用于以游览路线为主景区，卡口法通过实测卡口处单位时间内通过的合理游人量来测算。根据度假区自身特点，建议采用面积法计算环

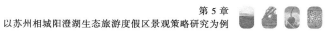

境和容量。

根据度假区总体规划中的"城市建设用地汇总表"和"城乡用地汇总表",截取可供游客进行观赏、游乐及其他旅游活动的用地类型及面积如表 5.18 所示。

表 5.18　度假区游客容量表

用地类型	面积（公顷）	计算指标（平方米 / 人）	日周转率（次）	日游客容量
生态绿地	1 181.51	1 000	1	11 815
水域	4 492.28	10 000	2	8 984
公园绿地	107.03	400	1	2 676
广场用地	2.31	100	4	924
康体娱乐用地	7.77	100	4	3 108
宗教用地	5.85	100	2	1 170

经计算,度假区在保证生态旅游舒适度的前提下,可承载的游客容量平均每日约 28 677 人次,按每年可游天数取 240 天,则每年约 688 万人次。

注：日游客容量面积法计算公式为：

$C_i = X_i \times Z_i / Y_i$

式中：X_i 为游览空间面积,Y_i 为平均每位游客占用面积,Z_i 为日周转率。

Z_i = 每日开放时间 / 单人浏览时间

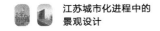

旅游景区日环境总容量为：

$$C = \sum C_i = \sum X_i \times Z_i / Y_i$$

5.3.3 度假区游客容量预测

目前，游客量预测的定量方法主要有两种，一种为移动平均预测法，一种为回归分析法。

（1）用移动平均预测法预测游客量

年游客量变化是一个典型的时间序列，可以用时间序列的方法来建立预测模型。（表5.19）

预测模型：$y_{t+T} = M_t^{(1)} + T\overline{m}$

式中：y_{t+T} 为第 $t+T$ 期的预测值，$M_t^{(1)}$ 为最后一项一次移动平均趋势值，T 为最后一项一次移动平均趋势值距离预测期的间隔数，$\overline{m}$ 为平均趋势变动值。

第一，计算一次移动平均趋势值：

$$M_t^{(1)} = （X_t + X_{t-1} + \cdots + X_{t-k+1}）/ k$$

式中：$M_t^{(1)}$ 为一次移动平均趋势值；X_t 为时间序列实际数值；k 为移动平均的间隔距离。

取 $k=3$

$M_3^{(1)} = （110+90+80）/ 3 = 93.33$

$M_4^{(1)} = （120+110+90）/ 3 = 106.67$

$M_5^{(1)} = （130+120+110）/ 3 = 120.00$

表5.19 度假区游客量一次移动平均计算表

时期 t	游客量时间序列数值 X	$k=3$ 时 $M_t^{(1)}$
2009	80	
2010	90	
2011	110	93.33
2012	120	106.67
2013	130	120.00

第二，计算平均趋势变动值 $\overline{m}$ ：

$\overline{m} = \sum$ 趋势变动值 $/k$

趋势变动值 $=$ 当年移动平均值 $-$ 上年移动平均值

则当 $k=3$ 时，平均趋势变动值 $\overline{m}$ 为：

$\overline{m} =$ （13.34+13.33）/2=13.335

当 $k=3$ 时，$\overline{m} = 13.335$，$M_5^{(1)} = 120$，预测 2020 年和 2030 年度假区游客人数分别为：

$y_{2020} = 120+7 \times 13.335 = 213.35$（万人）

$y_{2030} = 120+17 \times 13.335 = 346.70$（万人）

第三,二次移动平均预测法预测游客量：

由于一次移动平均预测法所预测的值往往不够准确，所以通常对一组时间序列数据进行两次移动平均，即在一次移动平均值的基础上，再进行第二次移动平均，并根据最后的两个移动平均值的结果建立预测模型，求得更加准确的预测值。

假设 $M_t^{(1)}$ 为时间序列的一次移动平均值，$M_t^{(2)}$ 为时间序列的二次移动平均值，则：

$$M_t^{(2)}=(M_t^{(1)}+M_{t-1}^{(1)}+\cdots+M_{t-k+1}^{(1)})/k$$

式中：$M_t^{(1)}$ 为一次移动平均值，$M_t^{(2)}$ 为二次移动平均值，k 为时间间隔跨越期。

二次移动平均的预测模型为：$y_{t+T}=a_t+b_tT$

其中，$a_t=2M_t^{(1)}-M_t^{(2)}$；$b_t=2(M_t^{(1)}-M_t^{(2)})/k-1$

依据公式和一次移动平均值，当 $k=3$ 时，可以计算二次移动平均值。

$$M_5^{(2)}=(93.33+106.67+120.00)/3=106.67$$

$$a_5=2M_5^{(1)}-M_5^{(2)}=2\times120.00-106.67=133.33$$

$$b_5=2(M_5^{(1)}-M_5^{(2)})/(k-1)=2\times(120-106.67)/2=13.33$$

所以，二次移动平均预测模型为：$y_{t+T}=133.33+13.33T$

$$y_{2020}=133.33+13.33\times7=226.64（万人）$$

$$y_{2030}=133.33+13.33\times17=359.94（万人）$$

（2）用回归分析法预测游客量

回归分析法预测模型：$y_t=a+bt$（表 5.20）

式中：y 为预测接待量；a 为纵轴截距；b 为回归直线的斜率；t 为预测时间序列。

a，b 常数用最小二乘法求出，公式为：

$$a=\sum y/n$$

$$b=\sum yt/\sum t^2$$

式中：y 为各期的游客量；t 为各期的距差（离中差）；n 为期数 $=5$。

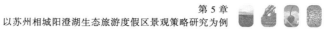

表 5.20　度假区游客量回归分析表

年份	游客量 y（万人次）	t	yt	t^2
2009	80	−2	−160	4
2010	90	−1	−90	1
2011	110	0	0	0
2012	120	1	120	1
2013	130	2	260	4
合计	$\sum y = 530$	0	$\sum yt = 130$	$\sum t^2 = 10$

a=530/5=106 ；b=130/10=13

将 a、b 代入直线方程 $y_t = a + bt$，得到回归分析模型为：$y_t = 106 + 13t$

其中 2020 年的 t（离中差）为 t =2020−2011=9，2030 年的 t（离中差）为 t =2030−2011=19

y_{2020}=106+13×9=223（万人）

y_{2030}=106+13×19=353（万人）

（3）定性分析

通过测算可知，用二次移动平均预测法和回归分析法预测的游客量非常接近，证明所测算的数值具有较高的科学性，经两次结果平均一下，得到度假区游客量最终预测值：

y_{2020}=（226.64+223）/2=224.82（万人）

y_{2030}=（359.94+353）/2=356.47（万人）

5.3.4 游客增长与生态保护的协调

未来随着度假区的开发和引进新项目，可能会带来游客量的成倍增长，这给生态保护带来了极大的挑战。因此，应该借鉴其他国家以及成熟度假区的游客量调控策略。

综合多方研究，并结合度假区实际情况，提出未来度假区游客量调控策略如下。

（1）丰富和完善旅游产品，提高游客重游率

重游游客是度假区客源市场的基石之一。因此，提高游客重游率是度假区保证游客量的重要途径。这就要求度假区丰富和完善旅游产品，摆脱单一依赖大闸蟹而造成的淡旺季现象，同时提高服务质量，全面提升游客满意度，塑造度假区品牌形象，以形成良好的社会口碑及高美誉度，从而培育出高忠诚度的游客群体，驱动度假区游客量走向稳定。

（2）加大宣传促销力度，提升度假区吸引力

高吸引力是度假区拥有持续稳定的游客量的基本条件之一，也是增加淡季游客量的有效途径。随着游客需求动机的日益成熟、理智和多元化，积极采取设施，逐渐形成成熟而稳定的客源市场：一方面，度假区要针对不同的客源层次，对旅游产品进行主题化设计，增强独特性，使得度假区一年四季都有不同的主题产品来提高吸引力；另一方面，度假区应积极开拓客源市场，要针对不同的细分市场设计适合该市场特点的营销方案，并采用各种高科技信息技术，多层次、多渠道、全方位、高规格地开展宣传促销工作。

（3）科学运用价格杠杆，直接调控游客量

　　长期以来，调节游客数量与游客时间分布的主要途径是运用价格杠杆。首先，度假区在价格策略方面应从差异化的定价策略去考虑，即景点、住宿等价格按时间和游客的差别来细分市场，不同的细分市场确定不同的价格，使每一市场达到最大收益。此外，采取淡旺季差价调节游客流量的时间分布，在旺季提高价格，使游客数量控制在度假区容量范围之内；在淡季降低价格，增加客流量，提高度假区资源及设施的利用效率，做到"淡季不淡、旺季不乱、平衡有序"。

　　（4）通过折扣优惠，间接调控游客量

　　旅游费用是旅游者为了获得旅游体验所支付的金钱上的成本，这个成本的大小就直接影响到游客的出游决策，度假区可以通过控制旅游费用的折扣机会从而间接调控度假区的游客人数。比如，采用通过互联网发售优惠卡，以折扣优惠吸引旅游者在淡季进入度假区，而在旺季则通过限量预定的形式控制进入度假区的客流量，优惠卡的发售数量由度假区的环境承载力来决定。

　　（5）通过事前信息发布，分流旺季客流

　　在旅游旺季，当游客人数激增，可以通过自己的网站或大众传播媒介发布度假区的即时信息，如游客数量、游客密度、旅游接待设施被使用情况、旅游建议等等，使游客在全面了解度假区各种旅游信息的基础上再做出旅游选择，这在很大程度上将会分流一部分旅游旺季的客流，从而达到对景区到访游客数量进行调控的目的。

5.4 度假区旅游发展目标和市场定位

5.4.1 总体发展目标

以阳澄湖的生态资源为底蕴，以大闸蟹品牌为依托，围绕生态与文化两条主线，深度开发地域文化资源，打造优美的自然景观，完善旅游配套设施，通过招商引资实现度假区的提档升级，打造以旅游观光、休闲度假、生态体验为核心发展特色，融商务休闲、运动娱乐、科普教育、养生保健等多重功能于一体，具有浓郁苏南水乡风情的生态旅游度假区，为长三角地区创造一个诗意化的生态度假天堂。

5.4.2 市场定位

从苏州市旅游客源省份结构来看，来自江苏、上海、浙江的游客位居前三位，合计约占70%，其中本省游客达40%。从客源城市结构来看，上海、无锡、苏州、常州、杭州前五大客源城市的市场份额合计超过50%，均属于长三角城市。因此，就目前来看，苏州市的旅游客源以长三角区域为主，尤其苏州本地以及上海、无锡、常州、杭州等邻近苏州的经济发达城市。

未来度假区的客源市场定位应该包括两个方向：一个是以上海为龙头的、以长三角城市群居民为主体的大众市场；另一个是以长三角为主体的具有较强消费能力的高端休闲、度假、商务、会议市场。简而言之，阳澄湖度假区要瞄准两大市场，一个是大众市场，另一个是高端市场，以大众市场启动和起步，快速推进，在最短的时间内，快速过渡到高端市场，形成大众市场和高端市场和谐共生的市场体系。

5.5 度假区生态旅游发展策略

5.5.1 开发导向策略

（1）大力开发人文旅游资源，丰富旅游产品类型

从资源分析可知，度假区人文类资源占全国亚类 75%，占全国基本类型 50%，可谓十分丰富。从实地调研也发现，仅莲花岛忆园里展示的就包括当地的历史典故、农耕文化、渔业文化、蟹文化，当地的民俗风情、水乡婚俗和服饰，当地的传统文化艺术等大量的人文资源，此外还有大量与生态、生物有关的文化信息，这些资源如果仅仅作为博物馆的展品，只能满足观光的功能，不能充分发挥蕴含其中的内在价值。

人文类旅游资源在开发时应注意主题化和层次化。

第一，主题化开发。度假区应遵循"文化—品牌、名牌—产品"开展主题化旅游，首先在确立 1~2 个较有影响力的文化主题（水乡民俗或蟹文化等）的统筹下，以青山绿水、农业景观、名人故居、江南建筑、风情老镇、节庆活动等旅游资源为依托，开发出观光、体验、宗教礼佛、节庆活动等专项旅游产品，并形成品牌，同时增强旅游项目的文化参与性和体验性，使旅游者深刻感受到当地文化的特色和内涵。

第二，层次化开发。人文类资源的开发可以分三个层次进行。①文化景观层次：注重景点的空间扩展，扩大其规模，将自然景观与当地服饰文化、饮食文化、建筑文化这些文化因子融合成整体。②文

化风情层次：注重节庆、盛事活动的策划，突出节庆、盛事活动的主题性、体验性和参与性，营造具有苏南水乡风情的文化气氛。③文化艺术层次：加快当地渔歌、舞蹈等艺术行为的产品化进程，实现向旅游产品的转化和表现形式的突破，真正实现文化艺术旅游产品产业化。

（2）打造自然景观，将自然生态资源转化为景观资源

区内虽然自然区域面积较大，但从资源调查和分析来看，自然旅游资源类型占全国类型比例偏低，且数量也较少，缺乏具有较高观赏价值的自然资源。这说明度假区自然资源的品级和空间组合都不太理想，环境景观较为粗放。

生态旅游度假区最有吸引力的资源就是自然生态环境，优美又富有特色的自然景观也最能满足大众对生态景观的向往，所以整治环境、营造优美的自然景观对于生态旅游度假区来说尤为重要。从前文度假区与长三角一些知名度假区的比较可以发现，凡是比较成功的生态旅游度假区，都是从优美的自然景观带动旅游需求开始，逐渐发展为主题特色鲜明、配套设施完善的度假区。因此，打造自然景观，将自然生态资源转化为景观资源、营造优美的湖岛风光对目前度假区而言十分必要。

自然景观营造，首先要从面上划定不同功能主题片区的景观特色，接下来要打造滨水岸线、观光游览路线等景观廊道景观特色，最后要重点打造或提升一些具有代表性的景点或空间节点的景观，通过自然化、生态化的设计手法将点、线、面三者相结合，形成有机的景观整体。

（3）由"一源"化开发转向"三源"化开发

传统的旅游开发导向包括三种："资源型""客源型"和"资源—客源型"。"资源型"即开发地具有丰富独特的旅游资源，把资源作为具

有竞争力的主导因素来开发；"客源型"指旅游资源相对贫乏，但区位条件好的城市凭借其交通优势和基础设施吸引大量客源；"资源—客源型"是指同时具备资源优势和客源优势。

目前度假区仍停留在传统的"一源"化开发方式，即以大闸蟹这一独特资源吸引游客，所以造成旅游受淡旺季影响极其明显，客源市场很不稳定。阳澄湖度假区本身具有极为优越的区位条件，苏州经济发达，距上海、南京、无锡等发达城市非常近，应当通过增加旅游吸引物、丰富旅游产品、营造优美生态环境、完善配套设施来把单一的"资源型"开发转变成"资源—客源"同时开发，同时注意"护源"工作，即保护性开发，从而从"一源"化开发转变为"三源"化开发。

5.5.2 开发方式策略

（1）农家乐区块自主经营，打造地方特色

目前度假区旅游发展仍然处于乡村旅游阶段，这一阶段开发的主要特点是农户自主开发、分散经营，虽然政府成立管委会总体负责度假区旅游发展，但实质上仍然是农户各自经营自己的餐饮或休闲业务，最主要的业态表现就是农家乐。这种开发类型的优点在于，一方面有利于调动农户的经营和管理积极性，另一方面可以有效避免与外来者的冲突。同时，当地人对自有资源的保护意识也比较强，在经营时也会注意保护性开发。

因此，度假区未来开发应结合目前农家乐开发现状，在农家乐发展较好的区块可以继续保持农户自主经营的模式，政府做好引导和管理工作，提升农家乐的设施条件和服务水平。并应有意识地引导农家乐的发展与当地人文旅游资源的进一步融合，使农家乐主题化、人文化，营造出浓郁的地方特色。

（2）用地充裕的区块招商引资，提升规模和档次

随着经营规模的扩大以及度假区本身提档升级的需要，农户自主开发、分散经营的方式会受到资金、技术、创新理念等多方面的制约，这必须通过吸引具有开发经验的外来经济实体来解决。这些经济实体拥有农村单个经济组织和农户个体不具备的资金、技术、人才、设备等方面的优势，可以满足规模化经营的需要，它不仅有利于推动度假区的提档升级，而且有利于提高农民的技术、文化素质和服务水平。

因此，在目前阶段度假区如需提升档次，需要尽快吸引有经验、有实力的经济实体，在保护度假区原有生态环境和资源的前提下，开发新的旅游产品和项目，形成新的旅游盈利增长点，从而改变原来单纯依赖农家乐的单一开发方式。因此，在度假区用地比较充裕的区块应当招商引资，打造新的旅游吸引物和功能区块，改善环境和基础设施，以中高端客源市场为主要导向，逐步实现对度假区规模和档次的提升。

（3）多种开发方式相互结合，形成各具特色的主题板块

吸引外来经济实体能够给度假区发展注入新的活力，但这有时也会带来外来企业与当地农户之间利益矛盾以及破坏资源和环境等问题，尤其度假区一直以螃蟹养殖为主要产业，一旦这一珍贵资源被破坏，度假区将失去最主要的旅游品牌。因此，在企业和农户之间必须有制衡环节。

近年来，不少学者在有关研究中提出"政府＋企业＋农村旅游协会＋旅行社"开发模式，这种模式比较突出的特点就是能将各个方面考虑周全。它涉及乡村生态旅游发展的几个关键主体要素，有利于充

分发挥旅游产业链中各个环节的优势，通过合理分享利益，使各方能够密切协作，避免因分配不公引起的利益冲突。一方面，可以发挥企业在经营和管理方面的优势，发挥旅行社在市场开拓方面的优势；另一方面也可由政府进行有效地规制，由农村旅游协会代表农户，从而维护和保障农户的利益。

总之，未来度假区的开发可以采取多种开发类型相互结合、并行发展的方式，借鉴千岛湖、天目湖等较为成熟的度假区的开发经验，可以在度假区内划分不同的功能和主题区块，不同区块采用不同的开发方式，打造不同的产品和项目，吸引不同层次的客源市场。在农家乐发展较好的区块可以继续保持农户自主经营的模式，政府做好引导和管理工作，提升农家乐的设施条件和服务水平。在景观条件较好、用地条件充裕的区块可以引入具有实力的旅游开发企业，打造生态型旅游项目，同时改善环境，为当地提供就业岗位；政府发挥牵头、组织的功能，负责旅游的总体规划和基础设施建设，优化发展环境；农民旅游协会负责组织村民参与民俗节庆活动、导游、工艺品的开发制作等，并负责维护和修缮传统民居，协调企业与农户的利益；旅行社负责开拓市场、组织客源。

5.5.3 旅游产品策略

从旅游资源分析可知，度假区旅游资源类型较为丰富，且大部分旅游资源目前还处于待开发或初始开发阶段，尤其历史文化资源开发很不充分，旅游资源的潜力未得到充分发挥，这为旅游产品和项目的开发提供了广阔的空间。

目前，度假区旅游产品的类型较单一，与周边景区之间雷同性、重复性开发普遍存在，旅游产品层次较低，形象也不突出，游客的消费水平和停留时间普遍较低。未来度假区要提档升级，必须在立足自身资源的基础上积极开发差异化、高层次生态旅游产品。

根据度假区资源特点和发展现状，度假区未来生态旅游产品应包括以下六大类型。

（1）生态观光旅游产品

生态观光仍然是生态旅游产品最为基本的类型，主要以阳澄湖丰富的生物资源、多样的湿地景观、优美的田园风光为观赏对象，将生态环境与观光休闲有机结合。应该通过优化自然景观、增加多种游览体验方式，如建设小型观鸟台、开辟水上游览线路、建设湿地文化公园、建立河畔露营基地等，让游客深刻感悟阳澄湖畔的生态景观。

（2）生态休闲度假产品

通过借鉴生态休闲度假产品开发的成功经验，结合度假区自身特点，因地制宜，建设旅游吸引物、滨湖度假村、度假酒店、会议中心、俱乐部、特色美食餐厅等项目，完善基础接待设施建设，延长游客停留时间。

（3）生态文化旅游产品

通过对阳澄湖历史和民俗文化的挖掘，开发生物文化、农耕文化、民俗文化、服饰文化、美食文化等产品。如通过建造鸟类或鱼类博物馆使游客了解度假区丰富的生物资源和知识；通过各种节事活动和文艺表演加强民俗文化的开发与保护，彰显地方特色；通过阳澄湖丰富的水产品和农副产品开发阳澄湖美食文化，对用餐环境氛围、餐具文化、美食典故精心包装，让游客在品尝美食的同时品味文化。

（4）生态科普旅游产品

阳澄湖丰富的动植物资源不仅是开发生态旅游的良好条件，而且还是进行教育和科研的宝贵资源。可通过开办大闸蟹良种养殖基地，规划建设集水科研、水养殖、水种植、水保护、水旅游、水经济等多功能、综合性的渔业科技基地，充分体现阳澄湖生态旅游的科技性，吸引国内外学者或旅游者来进行科学考察或科普旅游。

（5）生态娱乐旅游产品

一方面，可以通过休闲农庄的形式，让游客亲自参与到采摘、垂钓、农作物栽培、水产养殖、烹饪、手工制品制作等农家活动，让游客真实感受乡村生活的乐趣；另一方面也应该结合度假区的资源开发一些具有一定刺激性和挑战性的游乐项目，让游客在自然生态环境中得到身体的锻炼和精神的恢复。

（6）生态养生旅游产品

生态养生旅游是目前国际上最具发展潜力、最环保的旅游产品之一，其核心概念是在自然景色优美、生态环境良好的地方，通过开展各种养生项目活动达到休闲养生的目的。度假区水质优越、空气清新、生态环境极好，又有淳朴的田园风光，极易勾起老年人对年轻时代的回忆，具备生态养生的基本条件。同时，度假区目前以皇罗禅寺为核心初步开发出养生度假区域，今后应完善接待设施，配备具有较高专业素养的服务人员，开发适合老年人的游乐项目，形成度假区生态旅游的一个品牌。

5.5.4 产业结构策略

旅游活动一般都是围绕吃、住、行、游、购、娱的旅游六要素展开的，旅游度假区的产业结构形态也围绕旅游要素分成七大类：餐饮服务体系、住宿服务体系、旅行交通服务体系、游览服务体系、旅游购物体系、旅游娱乐体系和综合服务类，涉及餐饮业、饭店业、交通业、娱乐业、商业、房地产业、旅行社业、农林牧渔等分支部门的多个产业。这些部门和产业有机结合，就形成了完整的度假区旅游产业链，这条产业链以"旅游产品开发—旅游产品生产—旅游产品销售—旅游产品消费"为主要线索，将各相关产业串联起来。（图 5.4）

借鉴与分析国内外生态旅游成功的经验可知，生态旅游产业链构建的重心应该放在住宿链与娱乐链两个核心竞争链行业的投资与建设完善上。同时在建设度假区旅游基础设施上，尤其是要改善旅游交通，让度假区的显性产业链和隐性产业链活跃起来，形成大量的游客流和价值流。而根据现状分析可知，目前这三个环节正是度假区旅游产业

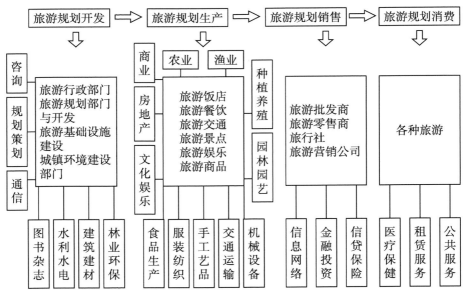

图 5.4　度假区旅游产业链

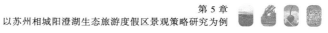

链的薄弱环节。

度假区旅游产业链发展策略如下。

（1）扩大住宿规模，满足不同群体的差异化需求

利用原有村落环境，建造生态度假村，发展高端度假市场。在用地允许的区块，建造中高档酒店与度假公寓，同时还可以结合原有农家乐的提档升级，扩大住宿规模，满足不同群体的差异化需求，使度假区的旅游功能由观光向休闲度假转移。住宿体系的经营方式可以采用分时度假、产权酒店与连锁经营等。

（2）增加娱乐设施，打造生态化体验型娱乐项目

度假区目前娱乐设施匮乏，未来应当顺应生态旅游发展要求，主要开发生态性的，鼓励体验和参与的娱乐项目。除了传统的观光、采摘、垂钓等项目，还可以与当地的民俗文化资源结合起来，设立一些农事活动、游戏活动、工艺品制作、竞赛型项目以及当地特色文化活动，同时也可结合度假区水域资源，开展一些水上娱乐活动，把"观光游览"式旅游转变为"度假体验"式旅游。

（3）完善旅行交通服务体系，营造多样化游览路线

度假区外部公共交通不发达，使得自驾游增多，既导致停车位紧张，又不便于远距离游客进入，因此未来应在度假区外部增设停车场，开辟旅游大巴和公交旅游专线。度假区内部应采用电瓶车、观光自行车，并开辟水上游览线路，形成多样化的游览路线，从而延伸交通服务产业链。

（4）重塑餐饮服务体系，培育特色美食街区

目前度假区餐饮以中低端为主，未来应兴建一些中高端旅游特色餐厅，如生态餐厅、水下餐厅、休闲茶吧等，配套一些文化娱乐设施，

融入一定的文化主题。对餐饮卫生、环保、管理等方面进行定期检查，对餐厅服务人员也进行素质与实践培训。

（5）时尚与创新相结合，拓展购物产业链

目前度假区有特色的旅游商品种类极少，难以延伸旅游购物的产业环节。未来应当引入文化创意产业园项目，吸引创意设计公司与地方合作，将度假区的文化旅游资源充分开发出来，打造出满足市场需求、充满时尚气息，并且体现地方特色的创意型旅游商品。在商品包装上要发挥设计创意，强调艺术性、精美性和便携性，打造知名品牌。同时建造旅游商品销售中心，完善度假区旅游产业链。

创意产业融入旅游行业各产业部门之中，可作为旅游产业成长的"投入要素"和"增值资本"，为各类旅游产业增加附加值，突破旅游产业链条原有的"旅游六要素"的小循环，促使旅游产业与相关产业的互动互融，构造大旅游产业链的良性循环。

（6）合理配置旅游相关要素，形成健康完善的旅游产业体系

度假区的发展还要涉及很多产业要素，如保证水电、环保、环卫、通信、仓储、蔬菜等副食基地的企业的运行，通过旅游要素带动度假区商业服务、金融信息贸易、土特产生产加工基地、高科技项目、销售公司等建立与投资活动。应该通过对相关要素的合理配置，形成健康完善的旅游产业体系，支撑和推动度假区的发展。

5.5.5 客源市场策略

明确了旅游品牌的市场定位，就需要进一步制定营销规划，拓展客源市场。度假区未来打造的将是全新的旅游产品，在市场导入期，营销工作极为艰巨，要通过多方面的促销手段，才能产生效应。

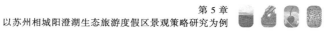

第一，通过旅游广告快速和有效地将旅游产品形象传播给大众，提高度假区生态旅游产品的知名度。

第二，通过向新闻界提供宣传资料、进行专题报道、举办公益活动、发表新闻图片等公共关系活动，发展度假区与社会、公众之间的良好关系，提高旅游产品的知名度和美誉度。

第三，通过提供试营业优惠活动，对旅行社提供批量优惠活动，对市民提供年票、优惠券等形式进行营业推广。

第四，通过策划各时间段的节事活动吸引新闻媒介的宣传报道，为度假区积聚人气，并使淡旺季旅游资源得到合理分配与利用。

第五，通过网络进行促销，目前度假区网站已经建立起来，未来应该通过网站向旅游者提供更加全面、详细、准确、及时的旅游信息，对于某一时段的特殊活动、节庆优惠打折等重要信息，要放在突出显眼的位置，以吸引更多关注。同时，要及时更新信息，使之适应乡村旅游市场的不断发展变化，充分发挥网络宣传的效应。

这些营销方式各有特点，对于正处于转型升级阶段的度假区而言，应该将其加以组合运用，从而达到最佳的效果。

5.5.6 景观服务提升策略

目前度假区存在从业人员素质不高、服务水平较低的现象，未来应从三个方面改善。

（1）建立完善的度假区服务质量标准

度假区的服务质量包括景点服务业务水平和服务水平两方面。对旅游景区来说，服务的标准化应是其最基本的策略。服务标准化最关键的地方就是要确定服务标准。本文把服务标准分为互为联系的两个方面，即景区企业层面和个人程序层面。前者涉及服务的递送系统设计，涵盖了工作如何做的所有程序，提供了满足游客需要的各种机制和途径；后者是指服务中人性的一面，涉及人与人的接触，涵盖了在服务时每一次人员接触中所表现的态度、行为和语言技巧。

（2）重视游客的评价，建立信息反馈系统

游客对度假区的感受是直观而真实的，对度假区的评价也是相对公正的，作为度假区管理者，应该采用对游客的抽样调查或网络调查的方式及时关注游客对度假区的各种评价，对游客的不满、抱怨和投诉，更应高度重视，给予及时、稳妥、合理的处置，并且建立信息反馈系统，避免在下一次旅游过程中再出现类似的错误。

（3）加强服务人员培训，注重人才梯队式培养

从业人员素质偏低、专业人才匮乏是制约度假区发展的重要原因之一。度假区过去以农家乐经营为主，服务人员基本未受过专业培训，难以适应未来度假区提档升级的需要。因此，应当定期开设旅游服务人员培训班，聘请各方面的专家讲授必要的旅游服务知识，参加培训的人员须通过考试后，方可继续上岗工作。除了旅游服务人才外，还有旅游管理、策划、营销等高层次人才。因此，在度假区转型升级的过程中，加强人才的引进和培养是其转型升级成功的关键。在产业发展过程中，人才是关键，只有建立长期的旅游人才培养机制，注重人才梯队的培养，才能保障度假区转型发展的需要。

5.5.7 景观设施完善策略

（1）增设交通服务设施，解决停车问题

停车难是度假区目前的一个主要问题，尤其在旅游旺季，成为制

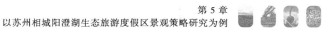

约度假区接待能力和影响度假区服务水平的重要因素。未来应当在度假区主要出入口区域增设停车场，度假区内则建议用电瓶车或观光自行车接驳，并增加一些游船码头，开辟水上游览线路，形成多层次交通服务体系。

（2）升级旅游服务设施，完善休闲景观功能

度假区现有农家乐、酒店多数档次较低，床位数也偏少，中高端餐饮设施、娱乐和购物设施缺乏，难以满足未来度假区旅游发展的需要。应在用地充裕的地块增加住宿接待设施，通过建造星级酒店、度假村、风情旅馆，同时对现有旅馆、农家乐进行提档升级等多种形式，满足不同类型、不同层次旅游者的需求，提高度假区的接待能力。

对现有餐饮设施需要逐步提高档次，并且增加生态餐厅、水下餐厅、休闲茶吧等主题性餐饮设施，逐渐从目前的低端大众化餐饮过渡到以中高端餐饮设施为主的特色化、多元化的餐饮格局。近期餐饮设施的档次分配比例：普通餐馆、中档餐馆、高档餐馆分别为55%、30%、15%；远期分别为30%、45%、25%。

大力引进国际流行的生态休闲娱乐项目，完善度假区的娱乐和休闲功能。结合未来老镇区的改造以及旅游综合体的建设，引进国际流行的生态休闲娱乐项目，同时建设一定数量的文化娱乐、观演和体育休闲设施，丰富游客的休闲生活。依托老镇区改造、旅游综合体建设建造大型旅游商品购物中心，形成集中性的旅游商品购物点，同时在观光景区、娱乐区域或者餐厅、服务中心等处分散布置旅游商品购物点和露天特色小摊，重点发展休闲购物和体验式购物。建立度假区旅游商品生产基地，成立旅游商品研发机构，增强产品的开发和设计能力。

（3）完善基础景观设施，保证度假区健康运转

湖泊地休闲度假旅游的发展光靠各种自然、人文旅游资源和相应的度假旅游上层接待设施是不行的，还必须建立完备的旅游基础设施，包括供水、供电、通信、邮电、医疗保健、环境卫生及排水系统等设施，保证度假区健康运转。

此外，完善的导向标识系统对于度假区而言也是必不可少的，它们是人们在建筑物和度假区公共空间中活动的指示标志或"符号"。一般而言，整体性标识系统主要放在通往景区的各主要干道上，用以提升景区知名度。向导性标识系统主要放在各景点交叉路口，主要用以指示方向。标识系统的设置要体现人性化原则，标志要简洁明了、通俗易懂，力争在所有岔口都有指示牌，方便游客确认方向。（表 5.21）

表 5.21　导向标识系统规划一览表

标识名称	功能	位置
导游全景图	景区全景地图、景区文字介绍、游客须知、景点相关信息、服务管理部门电话等	景区入口
景点介绍牌	景点、景物牌介绍，相关来历、典故综合介绍	各景点入口
道路导向指示牌	道路标志牌、公厕指示牌、停车场指示牌	道路节点、公厕、停车场
关怀警示牌	提示游客注意安全及保护环境等一些温馨提示牌及警戒、警示牌	景区内可能出现危险、事故的地方
服务设施名称标识	售票处、出入口、游客中心、医疗点、购物中心、厕所、游览车上下站等一些公共场所的提示标识牌	售票处、出入口、游客中心、医疗点、购物中心、厕所、游览车上下站等公共场所

6

结 论

亚里士多德说："人们为了活着，聚集于城市；为了活得更好，居留于城市。"① 人们创造城市、聚居于城市，就是为了生活得舒适、幸福和美好。然而，我们今天生活的城市，或许拥有充足的物质、财富和优越的条件，但却并没有使我们获得舒适、幸福与美好。

自进入工业革命以来，生产力迅猛发展，将城市的发展由一种自然的缓慢演化过程带入了快速高效的城市化进程。于是，城市的财富、人口和面积迅速扩张，大都市经济占据支配地位，并建立起复杂的社会和权利体系。城市化为人们提供了充分的物质和精神享受，开辟了新的生存可能性，但与此同时，也为人类的生存环境和生活方式带来了诸多问题和危机：环境污染、交通拥堵、人口膨胀、资源损耗，以及随之而来的对人的健康威胁、精神压力、心理异化等等。

近年来，在加速新型城镇化、提升国家软实力的机遇引导下，江苏景观的建设取得了长足发展，但也存在诸多问题，如导向定位不科学，建设发展存在盲目性；整体关联不协调，资源利用存在粗浅性；在地营造不深入，技术措施存在短视性；管理机制不完善，引导调控存在松散性。对此，要构建发展新思路，凸显利用优势资源（尤其是水资源）；要挖掘发展新内涵，强化参与体验特征；要开辟发展新路径，激活借鉴传统工艺；要落实执政新理念，加强统筹引导帮扶。以此全面、系统地促进江苏建筑文化特色化发展，提升国家软实力。

目前，城市化进程也深刻地影响和考验着当代的江苏。由于江苏人口众多，在相当长一段时间内又采取粗放型经济增长方式，使江苏在快速城市化的进程中，会面临相比于西方国家更加复杂和艰巨的问题。当前，江苏已经开始出现"城市化过度"导致的严峻后果，这些严重的城市问题直观地表现在构成城市空间环境的物质形式外观——

城市景观的变化中：冷冰冰的摩天大楼和大马路推倒了连绵的山脉，气势恢宏的大桥填平了江河湖海，密集的建筑群使城市密不透风，频繁的拆迁破坏着珍贵的历史遗迹。除了物质景观以外，还有一些特殊的城市人文景观也面临着文化特色的危机，比如传统节庆的商业化、民间艺术的濒临绝境、地方风俗的逐渐淡化等等。这些问题与危机在不断地解构着城市"美好生活"的本质，同时也引发我们强烈的反省和思考。究竟怎样的城市才是人类的宜居之地、乐居之所？要想在城市中实现美好、舒适、幸福的生活，我们应该做到什么？鉴于此，本书将江苏城市化进程中的景观设计三个主要问题：生态观、人本观和艺术观作为重要论述对象。

第一，生态观。人与自然和谐无疑是城市景观的理想典范，这一方面是由于人性中自然性与文化性的并存，另一方面是由中西自然美学观的价值指向所决定的。人作为自然的存在物，与自然始终有一种一体性和同源性的关系；但与此同时，人之为人的本质，又是因其具有理性思维和实践活动的能力，能够在一定程度上控制自然、改造自然。所以，人性既不是纯粹的自然性，也不是纯粹的文化性，而是自然性和文化性的对立统一，也因此，追求人与自然和谐就是一种本真的天性与渴望。在对城市景观的创造和欣赏中，自然景观和人文景观的和谐共生就成为一个理想的景观美学范型——在优美的自然风光中唤醒和完善人性中的自然性，在深厚的城市人文底蕴中增进和提升人性中的文化性。而中国传统自然美学观建立在"天人合一"的哲学传统之上，始终追求人与自然和谐统一的亲密关系；西方在经历了理性主义和机械论的自然美学观所带来的人与自然对立及其所引发的生态危机的恶果之后，又从沉沦中觉醒，开始诞生出以"生态和谐"为基本内涵的现代生存论自然审美观和环境美学观。尽管两者哲学基础和文化背景差异极大，但最终都会指向一个共同的审美理念——人与自然的和谐共生。贯穿到城市景观的创造和欣赏中去，仍然是以自然景观和人文景观的完美融合为根本宗旨，以建立人与自然和谐共生的景观环境为终极的审美期待。

然而，当代江苏城市景观中自然美缺失的现状也是不容忽视的，城市建设大肆侵吞和改造原生自然，不尊重原生的自然地貌和天然布局，使城市自然景观失去地域特色，趋于一种标准化和人工化的平板与单调。另外，将自然作为点缀城市的装饰品，沦为城市的附庸，丧失自然的本真性，对其实施人为的扭曲和束缚等，城市中已经越来越难以见到优美清新的自然环境。而追溯背后的思想根源，总的来说，还是与人对自然审美观念的变迁这一历史渊源分不开的。从远古时期对自然的恐惧与敬畏，到农业社会时期的自然本真之美，再到工业社会时期对自然的征服与主宰，历经了三种自然审美观的变迁。它反映到城市景观建设与实践的思想观念上，就深深地影响着城市景观对待自然生态的审美态度，并最终导致当代江苏城市景观破坏自然生态的现实表现。尽管如此，我们却不能在城市之外另寻出路，因为城市荟萃了人类最优秀的文明，终归会是人类的希望之所，我们还是要在城市中重新实现人与自然的和谐，努力将城市建设为人类理想的生存环境。因此，城市景观建设就必须尊重自然、爱护自然，恢复城市中的自然之美。通过保留城市中的荒野，在城市中再造自然，维护城市的原生自然风貌，保护自然生态的完整等具体途径，以期实现"人与自然和谐"这一城市景观的理想典范。

第二，人本观。如果说"自然"造就了一个城市的外在风貌和美好形态，那么"以人为本"则可以认为是彰显了城市的内在魅力与优雅气度。纯粹的自然景观没有也不需要人的介入，而景观设计的最终目的是为人服务，以满足人的使用及审美需求为目标。从西方城市景观审美观念的发展中——从古希腊古罗马时期以"人的尺度"为审美标准来塑造城市景观，到中世纪宗教思想对神性的张扬，再到工业革命之后着重景观中的功能理性，以及近代田园城市、城市美化运动所体现出的人本主义和自然主义，到后现代思潮中文脉与拼贴思想在城市景观中的引入，我们看到的是人类不断追求理想城市和理想生活方式的奋斗史；从江苏传统城市景观的审美特征中，我们领悟到江苏传统文化所追求的审美境界——自然生态之美、结构秩序之美、含蓄蕴藉之美。在以人为本的语境中，城市景观才被赋予了厚重的积淀，彰显出独特的魅力。但是江苏城市化进程所导致的对城市景观人文关怀的漠视，也让我们痛心地看到诸如对历史遗迹的破坏，对旧城的大肆改造，以仿古建筑代替历史遗存，欧美式景观在城市中的泛滥等现象，这些都与城市化进程所带来的生活方式的变革、审美观念和审美风尚的改变，以及城市文化导向的变化等因素是分不开的。人文景观之于城市文明的传承具有重要意义，弘扬城市景观的人文价值才能使城市建立起持久的吸引力，并让人产生眷恋感和归属感。通过保留城市人文景观的外在风貌，以及保留城市中传统的生活方式、历史沿革等精神内涵，来留住城市的记忆、延续城市的文脉。当然，在保留历史的同时，也要考虑当代景观的时代精神，要在城市中处理好"新与旧"的和谐，"古与今"的对话，实现历史感与现代感的统一。这就需要深刻把握城市的人文内涵，在保护与继承中寻求突破，让人文景观与当代生活环境紧密联系，实现一种文脉的延续与和谐。

第三，艺术观。深厚的艺术底蕴和丰富的文化特色是一个城市景观的灵魂。悠久的传统文化塑造了城市景观的内在气质，使一个单纯的物质空间形态成为了文化符号，具有了精神性的内涵；独具特色的地域文化赋予了城市景观独特的个性，使各个城市呈现出不同的风貌，散发出无限风情；城市文化的多样性又使城市景观充满了生机与活力，释放出独特的艺术魅力。纵观西方城市景观发展史，发起专业变革活动的基本上都不是景观设计师，而是建筑师、规划师和艺术家。其中艺术家的思维尤其敏锐灵活、天马行空，艺术家成为发起专业变革活动的主要力量。"多元"是当代艺术的核心，虽然国际上仍有主流艺术存在，但却不再用统一的标准判断优劣。其中对景观设计产生比较明显作用的主要是抽象表现主义、波普艺术、极少主义、大地艺术和观念艺术等。而这些设计风格都是以艺术家思潮为先导的。这种影响超越了单纯的作为艺术的属性，因为观念的渗透而有了更为宽泛的触角。波普艺术对当代景观的介入，表现为对日常生活的日益关注，对大众文化的面对，以及对商业社会越来越多的思考，这使得当代景观设计呈现出与传统不同的表现形式和思维方法。观念艺术的泛化对当代景观的影响，表现为强调艺术的创造核心是观念的表现，而不仅仅在于视觉形象的创造，更多地希望阐述一个概念的意义和唤起人们对当下人类生存环境现状的思考，促使城市景观向多元化的方向发展。

总之，"生态观""人本观""艺术观"这三个具有代表性的城市景观设计中缺一不可的内容，构成了本书的一个有机的结构体系。从艺术学角度深入研究这些问题，建构一个江苏城市景观发展的新理念和新模式，有助于解决城市化进程中的江苏城市的诸多现实问题，实现一个实用与审美统一、人与自然和谐共生的理想生存环境。

【注释】

①　亚里士多德.政治学 [M].吴寿彭，译.北京：商务印书馆，1995：7.

参考文献

（一）著作

人文社科类

［1］邵大箴.西方现代美术思潮［M］.成都：四川美术出版社，1990.

［2］马克·第亚尼.非物质社会：后工业世界的设计、文化和技术［M］.滕守尧，译.成都：四川人民出版社，1998.

［3］布莱顿·泰勒.当代艺术［M］.王升才，张爱东，卿上力，译.南京：江苏美术出版社，2007.

［4］约翰·斯托雷.文化理论和大众文化导论［M］.常江，译.北京：北京大学出版社，2010.

［5］杰姆逊.后现代主义与文化理论［M］.唐小兵，译.西安：陕西师范大学出版社，1986.

［6］赫伯特·马尔库塞.工业社会和新左派［M］.北京：商务印书馆，1982.

［7］阿诺得·豪泽尔.艺术社会学［M］.居延安，译编.上海：

学林出版社，1987.

［8］马永健.现代主义艺术20讲［M］.上海：上海社会科学院出版社，2005.

［9］马永健.后现代主义艺术20讲［M］.上海：上海社会科学院出版社，2006.

［10］鲍德里亚.消费社会［M］.刘成富，全志钢，译.南京：南京大学出版社，2001.

［11］张晓凌.观念艺术：解构与重建的诗学［M］.长春：吉林美术出版社，1999.

［12］休·昂纳，约翰·弗莱明.世界美术史［M］.毛君炎，等译.北京：国际文化出版公司，1989.

［13］徐淦.观念艺术［M］.北京：人民美术出版社，2004.

［14］E.H.贡布里希.艺术与人文科学：贡布里希文选［M］.范景中，编选.杭州：浙江摄影出版社，1989.

［15］海因里希·沃尔夫林.艺术风格学：美术史的基本概念［M］.潘耀吕，译.北京：中国人民大学出版社，2004.

［16］于安澜.画论丛书［M］.北京：人民美术出版社，1982.

［17］王受之.世界当代艺术史［M］.北京：中国青年出版社，2005.

［18］沈语冰.20世纪艺术批评［M］.杭州：中国美术学院出版社，2003.

［19］李泽厚.美的历程［M］.天津：天津社会科学院出版社，2001.

［20］朱光潜.西方美学史［M］.北京：商务印书馆，2006.

［21］黑格尔.美学第一卷［M］.朱光潜，译.北京：商务印书馆，1995.

［22］凌继尧.西方美学史［M］.北京：北京大学出版社，2006.

［23］叶朗.中国美学史大纲［M］.上海：上海人民出版社，2007.

［24］周之骥.中国美术简史［M］.西宁：青海人民出版社，1985.

［25］岛子.后现代主义艺术系谱［M］.重庆：重庆出版社，2001.

［26］詹和平.后现代主义设计［M］.南京：江苏美术出版社，2001.

［27］保罗·霍根，艾莫莉·拉维斯，亨特·拉维斯.自然资本论：关于下一次工业革命［M］.王乃粒，诸大建，龚义台，译.上海：上海科学普及出版社，2000.

［28］伊莎贝尔·德迈松·鲁热.当代艺术［M］.罗顺江，李元华，译.成都：四川文艺出版社，2005.

［29］丹尼尔·贝尔.资本主义文化矛盾［M］.严蓓雯，译.南京：江苏人民出版社，2007.

［30］尼古斯·斯坦戈斯.现代艺术观念［M］.侯瀚如，译.成都：四川美术出版社，1988.

建筑与景观类

［31］王向荣，林菁.西方现代景观设计的理论与实践［M］.北京：中国建筑工业出版社，2007.

［32］王建国.城市设计［M］.南京：东南大学出版社，2000.

［33］王建国.现代城市设计理论和方法［M］.南京：东南大学出版社，1991.

［34］吴焕加.20世纪西方建筑史［M］.北京：中国建筑工业出版社，1998.

［35］成玉宁.现代景观设计理论与方法［M］.南京：东南大学出

版社，2010.

［36］詹姆斯·特纳.论当代景观建筑学的复兴［M］.吴琨，韩晓晔，译.北京：中国建筑工业出版社，2008.

［37］杨志疆.当代艺术视野中的建筑［M］.南京：东南大学出版社，2003.

［38］张红卫.哈格里夫斯［M］.南京：东南大学出版社，2003.

［39］吴家骅，叶南.景观形态学［M］.北京：中国建筑出版社，1999.

［40］吴家骅.环境设计史纲［M］.重庆：重庆大学出版社，2003.

［41］陈志华.外国造园艺术［M］.郑州：河南科学技术出版社，2006.

［42］郦芷若，朱建宁.西方园林［M］.郑州：河南科学技术出版社，2002.

［43］J.O.西蒙兹.大地景观：环境规划指南［M］.北京：中国建筑工业出版社，1999.

［44］J.O.西蒙兹.景观设计学［M］.北京：中国建筑工业出版社，2000.

［45］理查德·瑞吉斯特.生态城市：建设与自然平衡的人居环境［M］.王如松，于占杰，译.北京：社会科学文献出版社，2002.

［46］王晓俊.西方现代园林设计［M］.北京：中国建筑工业出版社，2000.

［47］沐小虎.建筑创作中的艺术思维［M］.上海：同济大学出版社，1996.

［48］刘滨谊.现代景观规划设计［M］.南京：东南大学出版社，

1999.

［49］周武忠．寻找伊甸园：中西古典园林艺术比较［M］．南京：
东南大学出版社，2001.

［50］周维权．园林·风景·建筑［M］．天津：百花文艺出版社，
2006.

［51］马克·特雷布．现代景观：一次批判性的回顾［M］．丁力
扬，译．北京：中国建筑工业出版社，2008.

［52］史蒂文·布拉萨．景观美学［M］．彭峰，译．北京：北京大
学出版社，2008.

［53］童寯．造园史纲［M］．北京：中国建筑工业出版社，1983.

［54］童寯．江南园林志［M］．北京：中国建筑工业出版社，1984.

［55］梁思成．中国建筑史［M］．天津：百花文艺出版社，1999.

［56］吴良镛．人居环境科学导论［M］．北京：中国建筑工业出版
社，2001.

［57］吴良镛．广义建筑学［M］．北京：清华大学出版社，1989.

［58］西蒙兹，斯塔克．景观设计学：场地规划与设计手［M］．朱
强，等译．北京：中国建筑工业出版社，2009.

［59］刘敦桢．苏州古典园林［M］．北京：中国建筑工业出版社，
2005.

［60］刘先觉，潘谷西．江南园林图录：庭院·景观建筑［M］．南
京：东南大学出版社，2007.

［61］王毅．翳然林水：栖心中国园林之境［M］．北京：北京大学
出版社，2006.

［62］陈晓彤．传承·整合与嬗变：美国景观设计发展研究［M］．

南京：东南大学出版社，2005.

［63］唐军．追问百年：西方景观建筑学的价值批判［M］．南京：东南大学出版社，2004.

［64］费菁．超媒介：当代艺术与建筑［M］．北京：中国建筑工业出版社，2005.

［65］刘先觉．现代建筑理论［M］．北京：中国建筑工业出版社，2008.

［66］卡尔松．环境美学：自然、艺术与建筑的鉴赏［M］．杨平，译．成都：四川人民出版社，2006

［67］ECKBO G. Urban Landscape Design［M］. New York: McGraw-Hill Book Company, 1964.

［68］JENCKS C. The Architecture of the Jumping Universe［M］. London: Academy Editions, 1995.

［69］BECK U. The Reinvention of Politics: Toward a Theory of Reflexive Modernization［M］. Cambridge: Polity Press, 1994.

［70］ROGERS E B. Landscape Design: A Cultural and Architectural History［M］. New York: Harry N. Abrams, 2001.

［71］HUNT J D. The picturesque Garden in Europe［M］. New York: Thames & Hudson, 2002.

［72］HUNT J D, WILLIS P. The Genius of the Place: The English Landscape Garden 1620-1820［M］. Cambridge: The MIT Press, 1975.

［73］HUNT J D. Garden & Grove: The Italian Renaissance Garden in the English Imagination 1600-1750［M］. Princeton: Princeton University Press, 1986.

［74］HUNT J D. Greater Perfections: The Practice of Garden Theory
［M］. New York: Thames & Hudson, 2002.

（二）论文

人文社科类

［75］曹桂生.现代主义、后现代主义艺术的终结：对现代主义、后
现代主义艺术进行一次系统梳理［J］.美术，2004(11)：60-71.

［76］尚晓明.对大美术环境下的艺术设计基础教育的再思考［J］.
美术大观，2007(6)：163.

［77］黄丹麾.对西方当代艺术走向的思考［J］.美术观察，
1996(3)：7-8.

［78］罗伯塔·史密斯.观念艺术［J］.侯瀚如，译.世界美术，
1985(1)：59.

［79］吴志强."全球化理论"提出的背景及其理论框架［J］.城市
规划学刊，1998(2)：1-6.

［80］KROG S R. The Language of Modern［J］. LA, 1985(2).

［81］SCHJETNAN M. Myth, History and Culture［J］. LA, 1984(2).

［82］WALKER P. Modernism Can be Reformed［J］. LA, 1990(1).

建筑与景观类

［83］王晓俊.LANDSCAPE ARCHITECTURE是"景观／风景建
筑学"吗？［J］.中国园林，1999(6)：46-48.

［84］程里尧.欧洲造园艺术的演变［J］.新建筑，1983(3)：46-53.

［85］苏肖更.一个离经叛道者：玛莎·施瓦茨作品解读［J］.中国园林，2000(4):62-64.

［86］费菁，傅刚.波普艺术和建筑［J］.世界建筑，2001(9)：85-95.

［87］李景奇.走向包容的风景园林：风景园林学科发展应与时俱进［J］.中国园林，2007(8)：85-95.

［88］刘滨谊.中国风景园林规划设计学科专业的重大转变与对策［J］.中国园林，2001(1)：7-10.

［89］周向频，郑颖.文化视角下的中国当代景观观察："迪斯尼化"的城市景观及其文化阐释［J］.规划师，2009(4):86-91.

［90］刘力.从WEST8透视荷兰景观［J］.华中建筑，2009(9)：164-166.

［91］王向荣，张晋石.人类与自然共生的舞台：荷兰景观设计师高伊策的设计作品［J］.中国园林，2002(3)：65-68.

［92］杨志疆.艺术的世外桃源：韩国Heyri艺术村的规划与建筑设计［J］.新建筑，2010(4)：96-100.

［93］托尼·戈德弗雷.什么是观念艺术？［J］.雕塑，2000(1)：12-13.

［94］张利.跃迁的詹克斯和他的"跃迁的宇宙"：读查尔斯·詹克斯的《跃迁的宇宙间的建筑》［J］.世界建筑，1997(4)：77-79.

［95］林箐，王向荣.詹克斯与克维斯科的私家花园［J］.中国园林，1999(4)：78-80.

［96］王建国，韦峰.重新理解自然，重新定义景观：彼得·拉兹和他的产业景观作品［J］.规划师，2004(2)：8-12.

［97］刘晓明，赵彩君.国际风景园林师联合会通讯［J］.中国园

林，2009(3)：49-55.

［98］俞孔坚.生存的艺术：定位当代景观设计学［J］.建筑学报，2006(10)：13-18.

［99］任京燕.巴西风景园林设计大师布雷·马克斯的设计及影响［J］.中国园林，2000(5)：60-63.

［100］王向荣.新艺术运动中的园林设计［J］.中国园林，2000(3)：84-87.

后　记

在东南大学建筑学院风景园林博士后流动站求学期间，学院中自由、活泼、严谨、求实的学术氛围给了我深刻的影响，不同学科的老师、同学使我获益良多，丰富了我的知识，开阔了视野，使我对本学科有了更深、更宏观的认识。

首先，我要衷心地感谢导师成玉宁教授。在选题、开题和撰写过程中，我自始至终得到了先生的悉心指导。先生无论在学习还是在生活上都对我倾注了大量的精力和心血。先生之教诲对学生而言不仅是本书稿得以完成的基石，更是终身受益之源泉。先生之博学、谦和、睿智、宽宏、执着对学生为学为人启发很大，影响很大。在本书出版发行之际，我在这里对成玉宁先生致以最诚挚的谢意和由衷的祝福。

同时要特别感谢东南大学艺术学院王廷信教授、东南大学建筑学院赵军教授、上海交通大学周武忠教授，他们都曾给予我以宝贵的意见和宽厚的批评。

其次要感谢张志贤、张健健、程万里等好友对我的帮助。

十分感谢中国博士后科学基金资助项目提供的研究资助。

最后向默默站在我身后、永远支持我的家人，特别是我的父母和妻子，致以最深切的谢意。在多年学习生涯中，他们无私地给予了我生活和精神上的全部支持，用大海一样宽广的胸怀包容和平复我的焦灼、困惑与狼狈，见证和分享我的努力、成绩与喜悦，给我不断追求的力量和勇气。没有他们给予的精神和物质支持，就没有我今天的收获。